KB248232

알아두면
쓸모가
생길지도 모르는
과학책

알아두면 쓸모가 생길지도 모르는 과학책

뭘 이런 것까지,
191가지 과학 드립

마티유 비다르 지음 | 김세은 옮김

반니

함께 작업해준

아나톨 톰차크에게 감사하며

　10년 동안 과학 관련 라디오 방송을 진행하며 날마다 과학자들을 초대해 이야기를 나눴다. 그들은 현재 어떤 과학 연구를 진행 중인지, 또 어떤 발견을 했는지 등을 열성을 다해 자세히 들려주었다. 매일이 아주 특별한 만남이었고, 지금도 그렇다. 담론의 장이 열릴 때마다 나도 모르게 흠뻑 빠져들어, 깊은 사고의 바다를 헤엄치고 상상의 날개를 활짝 펼치곤 했다. 그러면서 과학이 따분하고 딱딱한 주제가 아니라 우리 삶과 늘 함께하는 요소임을 깨달았다.

　방송을 하면서 매일 요점과 기억해둘 사항, 사건을 꾸준히 수첩에 기록해두었다. 귀가 번쩍 뜨이는 흥미진진한 내용은 물론 궁금한 점도 빠짐없이 남겼다. 그렇게 10주년을 맞아, 이 책을 발간한다. 지식 공화국 만세, 과학 만세를 외쳐본다.

마티유 비다르

차례

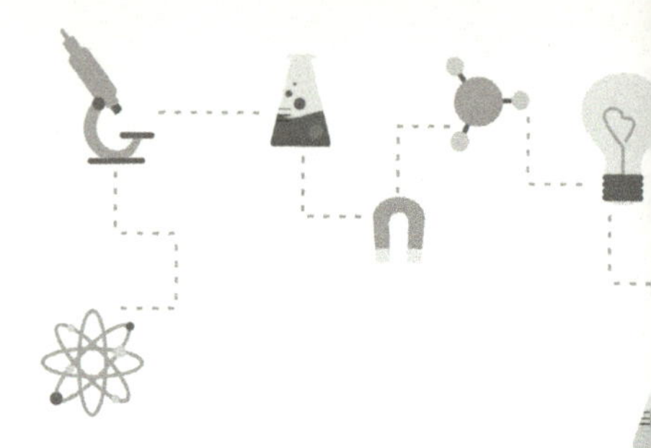

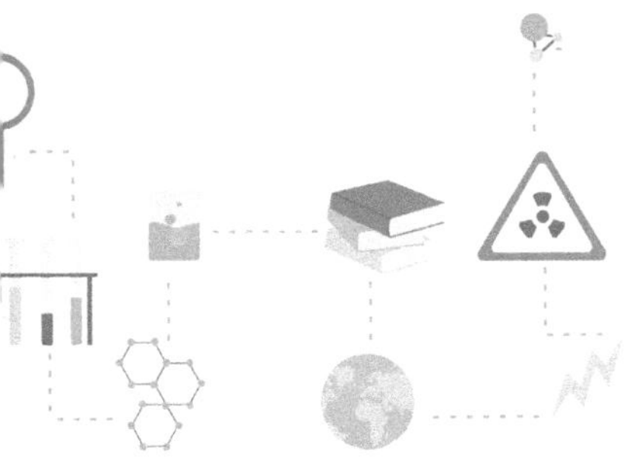

001

우리 안에 있는 네안데르탈인의 특징

2010년 〈사이언스〉지에 현대인의 DNA에 3만 년 전 멸종한 네안데르탈인의 DNA가 포함되어 있음을 밝히는 방대한 논문이 실렸다. 논문에서는 현존하는 유럽인 및 아시아인의 게놈에 1~3%가량 섞여 있다고 추정했다. 미미한 비율이지만, 개개인의 게놈에 포함된 네안데르탈인의 게놈을 다 추출해 조합하면, 네안데르탈인의 전체 게놈 가운데 20%를 구축할 수 있다는 얘기다. 우리가 네안데르탈인의 게놈을 지녔다는 말을 달리 해석하면, 현생 인류와 같은 종으로 분류되는 호모사피엔스 또한 네안데르탈인과 여러 측면에서 혈통적 '유사성'을 보인다는 뜻이다. 아프리카에서 발생한 호모사피엔스가 세계 곳곳으로 흩어지는 과정에서 네안데르탈인의 분포 지역을 거쳐 갔던 것으로 추리할 수 있다. 이런 까닭에 아프리카인에게는 네안데르탈인의 유전 정보가 없으며, 아프리카인의 조상과 유라시아인의 조상 사이에는 혈통이 섞인 흔적이 전혀 발견되지 않는다. 그러면 유럽인과 아시아인은 네안데르탈인의 유전형질을 어디에 저장하고 있을까? 주로 피부의 특질에 영향을 주는 유전자 속에 보관하고 있으며, 질병과 관련된 유전자에도 유전적 특성이 발견된다.

002
천재의 정자를 모은 천재정자은행

플라스틱 안경 렌즈 사업으로 부를 축적한 미국 기업가 로버트 클라크 그레이엄Robert Klark Graham은 1982년 '인류의 지적 수준을 끌어올려' 이 세상을 위기에서 구하겠다며 승부수를 던졌다. 바로 노벨상 수상자들의 정자만을 선별해 저장하는 '천재정자은행'을 설립한 것이다. 윤리 문제는 안중에도 없었다. 무정자증으로 자연 임신이 불가능한 부부들에게 우월한 정자를 공급해 천재적인 자식을 낳게 하겠다는 야심으로, 노벨상 수상자들에게 정자를 기증받으려고 했다. 하지만 몇 해가 지나도 만족할 결과를 얻지 못했다. 노벨상 수상자 가운데 딱 한 사람이 정자 기증 의사를 밝혔는데, 우생학자로서 흑인이 백인보다 유전적으로 열등하다고 주장한 물리학자 윌리엄 쇼클리William Shockley였다. 상황이 이렇다 보니, 노벨상 수상자만 고집할 수 없던 그레이엄은 문턱을 낮췄다. 지능지수IQ가 월등한 일반인, 올림픽 메달리스트까지 기증자 물망에 올랐다. 그레이엄이 사망하고 2년 후인 1999년 천재정자은행이 문을 닫을 때까지, 이처럼 부당하게 수집된 정자를 이용한 인공수정으로 총 220명의 아기가 태어났다. 이들이 살아 있다면, 지금쯤 10대 내지는 청년이 되었을 것이다. 과연 유전자를 제공해준 걸출한 인사들의 2세다운 면모를 지니고 있을까? 미국 기자들에 의해 그중 몇몇의 거취가 밝혀졌는데, 지붕 수리공, 텔레비전 연속극 조연, 요가 강사 등이 있다고 한다. 이들의 면면이, 인류를 위해 암 치료법을 개발할 인재를 배출하려던 로버트 그레이엄의 애초 계획과는 거리가 있어 보인다. 그보다 더 나쁠 수 없는 최악의 계획이었다.

003

'스파이더맨'이 존재할 가능성은 '0'

언젠가 거미 인간이 빌딩 외벽을 성큼성큼 타고 다닐 날이 오리라 기대하는 이들에게, 케임브리지 대학교 연구진은 그럴 가망성이 전혀 없다는 증거를 내놓았다. 순전히 신체적인 이유였다. 대부분 동물이 벽이나 천장에 착 달라붙어 있는 데는 한 가지 기술이 사용되는데, 바로 사지말단에 수북이 덮인 나노nano 크기의 미세한 털이다.

예컨대 도마뱀은 발가락 하나당 100만여 개의 잔털이 나 있어 강력한 밀착력을 낼 수 있다. 털 한 올 한 올이 물체의 표면과 '분자적 결합'을 이루어, 이른바 '판데르발스의 힘Van der Waals's force'을 발휘하는 것이다. 또 몸집이 크면 클수록 더 강력한 결합력이 필요하다. 불변의 물리학적 법칙대로, 면적이 제곱으로 증가하면 질량, 즉 무게는 세제곱으로 증가하기 때문이다. 가령 곤충 한 마리는 자기 표면적의 1천분의 1만 털로 덮여 있으면 되지만, 파충류의 일종인 도마뱀은 파리와 같은 곤충보다 7천 배는 무거우므로 표면적의 4%(주로 발가락 끝부분)가 털로 덮여 있다.

그렇다면 인간은 어떨까? 인간은 곤충류나 파충류보다 훨씬 체구가 크므로, 이들의 털처럼 밀착력 있는 털을 붙인 장갑을 개발한다는 것 자체가 가능하지 않다. 연구진은 평균 체중 80kg를 지지하려면 몸 표면의 40%가 밀착제로 덮여야 한다는 결론을 얻었다. 특히 밀착제의 80%가 몸의 앞면에 집중되어야 한다(그래야 훨씬 쉽게 벽을 기어오를 수 있다). 연구진은 방법이 하나 더 있다고 했다. 장차 '스파이더맨'을 꿈꾸는 사람에게 길이가 무려 885mm나 되는 밀착성 신발을 신게 하는 것이다.

전 세계 길바닥에 함부로 버려지는 담배꽁초가 27만 4천 개다. 이것이 완전히 분해되기까지는 12년이 걸린다.

지구가 운석들과 충돌할 위험이 있다!

2013년 미 우주항공국은 지구와 충돌할 가능성이 있는 운석들이 적어도 1,400개가 넘는다고 보고했다. 더구나 이 숫자가 지름 140m 이상의 거대 운석들만 조사 대상에 넣은 것이라고 하니, 더 오싹해진다. 2013년 우랄산맥을 강타한 '운석우隕石雨'로 수천 명의 부상자가 발생했는데, 그때는 지름이 17m밖에 안 되는 운석 하나가 대기권에 진입해 산산이 부서져 추락한 것이 원인이었다. 다행히 이런 '잠재적 위험군'에 속하는 거대 운석들이 최근 100년 사이에 지구를 살짝이라도 스친 적이 단 한 번도 없었다. 하지만 운석은 아무리 작아도 자연재해를 일으킬 수 있으며, 언제 닥칠지 예측할 수 없으므로 늘 경계해야 한다. 2016년 3월 22일 오후 3시 30분경에는 조그만 혜성 하나가 340만km 거리, 즉 지구와 달 사이 거리의 10배 가까운 곳에서 지구를 '살짝 스치고' 갔다. 1770년 7월 1일 렉셀Lexell이라는 작은 혜성이 230만km 거리에서 지구를 지나간 사건은 있었다.

수면 주기

잠은 우리 인생의 3분의 1을 차지한다. 한번 잠이 들면 약 90분을 한 주기로 하여 하룻밤에 평균 4~6번의 수면 주기가 돌아간다. 각각의 수면 주기는 다음의 6단계로 나눠진다.

1단계 잠이 들려는 상태

호흡이 느려지고 근육이 이완되며 의식이 몽롱해진다. 선잠이 든 상태로, 허공으로 빨려드는 듯한 느낌 때문에 몸을 움찔움찔하기도 한다.

2단계 얕은 수면

소음이나 빛 때문에 곧잘 깨기도 하지만 분명히 잠이 들었던 것으로 기억한다. 눈과 근육의 활동이 줄어든다.

3단계와 4단계 깊은 수면과 매우 깊은 수면

잠이 푹 들어 외부 세계와 차단된다. 전신이 휴식에 들어가고 낮에 쌓였던 피로에서 회복하는 매우 중요한 단계다. 뇌에서 느리고 긴 파장의 뇌파가 나온다.

5단계 렘수면

3-4단계보다 짧게 진행된다. 아주 깊게 잠들었다는 특징과 잠에서 깨어 있다는 특징(표정이 보이고 호흡이 불규칙하며 심장박동수가 올라감)이 동시에 나타난다. 뇌의 활동이 왕성해지면서 꿈을 꾸는 경우가 많다.

렘수면의 상태와 잠에서 깬 듯한 상태가 공존한다. 다시 새로운 수면 주기로 들어가거나 충분히 잤을 경우 잠에서 깬다.

세상에 이런 유전이

2015년 한 미국 남성이 친부 검사를 받은 결과, 아이의 생부가 아닌 삼촌으로 밝혀졌다. 그러나 해당 남성은 형제가 없었고, 아이는 이 남성의 정자로 시험관 수정을 하여 태어난 아이였다. 자식이 친부 유전자의 절반이 아닌 4분의 1만 물려받은 이 현상을 어떻게 이해해야 할까. 사실 그는 원래 이란성 쌍둥이였고, 쌍둥이 한쪽이 태내에서 사망했다고 한다. 그리하여 형제의 배를 자신이 '흡수'해 형제의 DNA로 이뤄진 세포를 생산했고, 자신이 보유한 정자 가운데 약 10%에 죽은 형제의 유전자가 들어 있었다. 아내의 난자와 수정된 정자가 바로 형제의 유전자였다. 이처럼 하나의 조직에 다른 기원의 세포가 공존하는 희귀한 현상을 일컬어 '키메리즘chimerism'이라고 한다.

2016년에는 이보다 더 운이 없는 베트남 남성이 있었다. 알고 보니 자기 아들 쌍둥이 중에 한쪽만이 친자이고, 나머지 한쪽은 다른 남성의 아들인 것으로 확인됐다. 그의 아내가 임신 후 몇 차례 혼외

성관계를 맺었으며, 바로 그 남성의 아들이었다. 간혹 배란 시에 두 개의 난모세포(이란성 쌍둥이)가 배출될 수가 있는데, 이 경우 각각의 난모세포는 서로 다른 정자와 결합하게 된다. 이때 결합하는 정자가 동일 남성의 것이 아닐 수도 있다. 아내는 서로 다른 남성의 정자로 어머니만 같은 의붓 쌍둥이를 출산한 것이다.

노예개미

학명으로 '폴리에르구스 루페스켄스Polyergus rufescens'이며 지구상의 모든 기후대에 분포하는 '아마존개미Amazon ant'는 노예를 부리고 사는 파렴치한 습성을 지녔다. 스스로 먹이를 구할 수 없는 종으로써, 그 일개미들은 노예사냥의 명수들이다. 일개미들은 정기적으로 노예 약탈 군대를 조직해 흑개미Formica fusca의 집을 습격해 한 번에 3천 마리까지 병력을 풀어놓는다. 일부 병력이 칼처럼 날렵하게 휘어지고 끝이 뾰족한 턱을 이용해 흑개미의 일개미들을 꿰찌르면, 나머지 병력은 애벌레를 훔쳐 자신들의 군락으로 옮겨놓는다. 노예가 된 흑개미의 새끼들은 엉뚱한 곳에서 태어났는지도 모른 채 아마존개미의 행동 체계를 따른다. 그들이 자신의 종족인 줄 알고 그들의 여왕개미가 낳은 알을 보호하며 먹잇감도 물어온다. 하지만 이 노예개미들의 삶은 그대로 이어지지 않는다. 다시금 새 일꾼들을 징

집하기 위해 노예 약탈의 임무를 수행해야 한다.

2013년 미국에서 '템노토락스 필라겐스Themnotorax pilagens'라는 종이 발견되었다. 아마존개미와 달리, 레이더에 포착되지 않는 곳까지 일사불란하게 습격하는 데다 체력을 아껴 쓰는 능력까지 지니고 있어 '닌자개미'라는 비공식 별칭이 붙었다. 아마존개미의 대규모 전투보다 한수 위의 기술을 보여주는데, 4개 소대로 나눠 적지에 출병한 다음 정체가 발각되지 않게 화학물질을 살포한다. 그리하여 노예개미의 군락을 포착하면 장차 자신들을 위해 몸 바쳐 일할 애벌레들을 약탈한다. 정체가 탄로 나면 독침을 발사해 적을 단방에 쓰러뜨린다. 닌자개미는 소수의 개체가 노예개미 군락 전체를 몰살시키는 어마어마한 전투력을 자랑한다.

잠자리가 바뀌면 잠을 설치는 이유

2016년 4월 세계적인 의학 학술지 〈커런트 바이올로지Current Biology〉에 사람들이 잠자리가 바뀌면 숙면에 들지 못하는 이유를 설명한 논문이 실렸다. 연구진은 뇌활동 측정장치를 이용해 잠자리가 바뀐 첫날밤의 뇌 상태를 분석했고, 첫날 밤 좌뇌는 소리 등의 외부 자극에 반응하며 신경을 곤두세운 반면 우뇌는 반응이 없어 대뇌 양쪽 반구의 활동이 불균형을 보였다고 발표했다. 다행히 이튿날 밤부터는 좌우뇌 활동이 균형을 찾게 된다고 한다.

009

암흑 속에서 고립되어 살아보기

냉전 시대가 절정으로 치닫던 1960년대 초, 원자폭탄 투하에 대한 대비책으로 지하 방공호에서 장기간 생존하는 훈련이 시행되었다. 사상 최초로 원자력 잠수함들이 기나긴 여정의 심해 항해를 시작했다. 핵잠수함 노틸러스호 같은 경우, 북극점에 도달한 후 빙산 아래를 잠항해 북극해를 횡단했다. 유리 가가린에 이어 존 글렌John Glenn이 우주 궤도 유영에 성공하면서 인류는 장시간의 우주여행에 대한 기대도 키우게 되었다. 또한, 대서양을 횡단하는 비행이 보편화되면서 '시차 증후군'이 골칫거리로 대두되기도 했다.

1962년 7월 17일, 프랑스 태생의 젊고 패기만만한 동굴탐험가 미셸 시프르Michel Siffre는 인간의 생체리듬을 연구하려고 스스로 실험 대상이 되었다. 인류 역사에 전례가 없는, 대단히 중요한 연구였다. 당시 23세였던 시프르는 이탈리아 리구리아주 쪽의 알프스산맥에서 빙하 지형에 조성된 깊이 100m 이상의 동굴로 들어가 두 달간 외부와 단절된 채 지냈다. 완전히 암흑천지인 데다 최고 기온이 3℃를 넘지 않는 곳이었다. 시간을 인식하지 않으려고 시계도 가져가지 않았다.

그는 취침하고 기상할 때마다, 즉 매번 수면이 시작되고 끝나는 시점에 동굴 외부에 있는 연구원에게 전화로 알렸다. 맥박수도 측정했다. 낮과 밤이 교대로 반복되는 규칙적인 주기를 벗어났을 때, 인체의 내부 시계가 어떻게 작동하는지 분석하기 위해서였다. 이러는 사이에 그는 급격히 기력을 잃어갔으며, 동굴 밖으로 올라온 9월 14일에는 추위와 고립으로 기진맥진한 상태였다. 그에게 날짜를 물어보니 8월 20일쯤 되지 않았냐고 했다. 그가 보고했던 수면 중의 일부가 그의 확신과 달리 낮잠이 아니라 밤잠이었으며, 이렇게 낮과 밤의 혼동을 일으키면서 날짜 감각이 둔해졌다. 이 실험으로 그는 일약 영웅이 되었으며, 두 가지 중대한 발견을 해냈다. 인간의 '비수면(낮)-수면(밤)' 리듬이 안정적으로 돌아간다는 사실과 인간의 본능에 따르면 그 리듬이 시계상의 하루보다 조금 더 긴 24시간 30분의 주기를 띤다는 사실이다. 그리하여 그는 동굴에서 생활하는 동안 점차 시계의 시간과 어긋나게 하루를 보내게 되었고, 실험 기간 막바지에는 저녁 7시경에 아침을 먹고 아침이 다할 무렵에 잠자리에 들었다.

동굴탐험가 미셸 시프르는 첫 번째 고립 실험을 하고 37년 후, 프랑스 몽플리에 인근 동굴에서 또 한 차례 '시계 없이 고립되어 생활하는' 실험을 강행했다. 2000년 새해가 밝기 전날 밤을 칠흑 같은 지하 동굴에서 시간을 모른 채 홀로 보냈으며, 그로부터 두 달 반이 지나 동굴에서 나왔다. 나이가 들면서 자신의 생체리듬이 어떻게 변화하는지 연구하고 싶어서였다.

악명 높은 컴퓨터 버그

1947년 '최초'의 버그

일설에 따르면, 1947년 9월 9일 15시 45분에 IT 역사상 최초의 버그가 출현했다고 한다. 미국 하버드대학교의 마크 II 컴퓨터의 계전기에 걸려든 불나방 때문이었다. 여기서 영어로 곤충을 뜻하는 버그 bug라는 용어가 유래했다. 사실 이 용어는 이미 수년 전부터 공공연히 사용하고 있었지만, 미국 학술문화연구기관 스미스소니언 협회에 소장된 컴퓨터 과학자 그레이스 호퍼 Grace Hopper의 운영일지에 당시 마크 II에 걸려든 나방의 잔해가 스카치테이프로 붙어 있는 것에 착안하여 정식 용어로 채택되었다.

1982년 시베리아 횡단 가스관 폭발

핵 이외 물질의 폭발 사고로는 사상 최대 규모로, 유럽의 러시아산 가스 수입을 차단하려는 미국중앙정보국 CIA의 방해 공작이 원인이 되었다. CIA는 가스관 운영 소프트웨어에 버그를 퍼뜨렸는데, 이 소프트웨어는 소련 국가보안위원회 KGB에서 캐나다 컴퓨터 개발진의 소프트웨어를 불법 도용해 만든 것이었다. 다행히 거주민이 없는 지역이라 사망자는 발생하지 않았지만, 핵폭발로 느껴질 만큼 광범위한 규모의 폭발이었다.

1985~1987년 테락 25

테락 25Therac 25는 암 치료 목적으로 개발된 방사선 치료기였다. 하지만 소프트웨어 결함으로 방사능 과다 노출이 발생하면서 환자 6명의 목숨을 앗아갔다. 피해 환자의 일부는 기준치의 100배나 되는 방사능에 노출되었다. 테락 25는 이전 버전인 테락 20에 입력되었던 루틴을 테스트를 거치지 않고 그대로 가져와 사용하고 있었다. 그런데 일부 루틴에 에러가 발생한 것을 보안장치 때문에 인지하지 못했던 것이다. 그 후 기존 보안장치를 새것으로 교체하는 시점에서 코드에 잠복해 있던 결함이 드러났다.

1992년 펩시콜라 고객 응모 행사

1992년 펩시콜라는 필리핀에서 '펩시콜라 마시고 백만장자의 기회를 잡으세요.'(100만 페소, 약 2만 달러의 상금)라는 대대적인 응모행사를 진행했다. 당시 현지 반응은 무척 뜨거웠다. 콜라병 뒷면에 적힌 3자리 숫자가 행운의 번호이기를 바라며 필리핀 인구의 절반 이상이 응모한 것이다. 5월 29일 펩시콜라 측은 당첨번호 349번을 공개한 후, 번호를 잘못 발표했다고 정정 보도를 냈다. 이 번호가 찍힌 병은 이미 80만 병 이상이 판매된 상태였다. 원인은 추첨 프로그램에 349번을 제외하라는 명령을 입력했는데, 오류로 인해 당첨번호로 인식했기 때문이다. 수만 명에 달하는 필리핀 국민이 당첨금을 내놓으라며 항의 시위에 나섰다. 펩시 측에서 이를 거절하자 수도 마닐라에 집결해 폭동을 일으켰다. 몇 주에 걸쳐 본사 건물과 운송 차량에 돌을 던졌으며, 이 과정에서 차량 한 대가 화염병 공격을 받아 여러 명의 사망자가 나오기도 했다. 펩시 측은 당첨자 1인당 20달러씩을 주는 조건으로 합의를 봐야 했다.

1996년 우주로켓 아리안, 발사 후 공중폭발

1996년 6월 4일, 유럽 우주로켓 '아리안^{Ariane} 5호'가 발사 직후 제어기능 상실로 폭발하면서 탑재된 과학연구용 인공위성 5대가 모두 파괴되었다. 유도장치에서 64bit의 코드를 16bit로 변환하는 과정에서 용량 초과가 발생한 것이다. 사고 복구 팀에서 원인 규명을 위해 동일한 알고리듬을 이용해 재구동을 해본 결과 역시 같은 결과가 일어났다. 사고 피해액은 5억 유로로 추산되었으며, 해당 코드는 역사상 가장 값비싼 오류코드가 되었다.

2002년 희대의 사망선고

미국 미시간주 세인트 메리 머시 리보니아 병원의 전산 시스템에 버그가 발생하여 멀쩡히 살아 있는 환자 8,500명을 죽은 사람으로 만들었다. 해당 환자들은 병원 측으로부터 사망진단서를 받았으며, 건강보험 및 사회보장 기관에도 이들의 사망 사실이 통보되었다. 몇 주간 산 시체로 지내다가 행정기관의 구명으로 다시 산 사람으로 복귀한 어처구니없는 소동이었다.

맹독을 품은 동물들

독거미, 시드니 퍼넬웹 거미

오스트레일리아에만 분포하는 종으로, 세계에서 가장 치명적인 독거미로 알려져 있다. 수컷이 내뿜는 신경독은 한 시간 안에 사람을 죽음에 이르게 할 정도로 강력하다.

독사, 검은 맘바

강력한 독을 뿜을 뿐만 아니라(20분 만에 사망에 이르게 함), 공격성까지 대단하여 세계에서 가장 위험한 뱀으로 꼽힌다. 세계에서 가장 빠른 뱀이기도 하다. 사하라 사막 이남의 아프리카에 서식한다.

대보초 청자고둥

열대 해양에 서식하는 연체동물로 세계에서 가장 강력한 독을 지닌 조개로 꼽힌다. 빨판에 있는 작살 모양의 독섬毒銛(연체동물의 혀와 이빨 기능을 하는 기관 — 옮긴이)으로 다른 동물을 찔러 독침을 내뿜는데, 사람이 찔릴 경우 두 시간 안에 사망에 이른다. 대보초 청자고둥의 독을 치료하는 해독제는 아직 없다.

황금독화살개구리

야광의 노란색으로 적에게 독이 있음을 알리며, 양서류 중 가장 강한 독을 가졌다. 피부에서 맹독성 독액을 분비한다. 아마존의 일부 부족이 사냥할 때 화살촉에 독침을 묻혀 사용하는 데서 독화살개구리라는 이름이 붙었다.

독전갈, 데스스토커

아프리카 사막에 서식하는 전갈 종으로, 독침에 찔리면 극심한 통증을 유발하지만 치사율은 낮다.

상자해파리

해파리 종류 중에 가장 강력한 독을 지녔다. 촉수 하나하나마다 수십만 개의 맹독성 독침으로 덮여 있다. 아시아 해안에 광범위하게 분포하며 가끔 지중해 연안에서도 볼 수 있다. 상자해파리의 독에 쏘여 매년 무수한 사망자가 발생하고 (신속한 의료 처치를 받지 못해) 있다.

파란고리문어

몸집은 작지만 타액 속에 사람의 호흡을 정지시켜 단숨에 쓰러뜨리게 할 만큼 강력한 독액이 들어 있다. 뉴칼레도니아 해역과 그레이트배리어리프 남부 해역에 분포한다.

복어

사람을 네 시간 안에 죽일 수 있는 맹독을 품고 있다. 게다가 해독

제도 없다.

스톤피쉬

등에 13개의 독침이 있고 독침 밑으로 신경독소를 분비하는 독샘이 연결되어 있다. 세계에서 가장 맹독을 가진 어류로 꼽힌다. 물속에서 돌이나 산초처럼 위장하고 있어 식별하기 어려우며, 독침이 다이빙 신발도 뚫을 수 있을 만큼 날카롭다.

맹독사, 내륙타이판

코브라보다 25배나 강력한 독을 지닌 오스트레일리아 고유종 독사다. 한 번 물었을 때 나오는 독액에 성인 100명을 죽일 수 있는 독이 들어 있다. 다행히 겁이 많아 사람을 공격하지는 않는다.

012
소리인식불능증

소리인식불능증phonagnosia은 다른 사람들의 목소리를 분별하지 못하는 희귀 질병으로, 목소리를 듣고 누구인지 구별하는 데 어려움을 느낀다. 얼굴을 알아보지 못하는 '안면인식장애'처럼 그 원인이 밝혀지지 않았다.

1-2-3-4-5-6

정보보안업체 스플래시데이터에서 세계적으로 가장 많이 사용되는 비밀번호(패스워드)를 집계했더니 '1-2-3-4-5-6'이었다. 뒤를 이은 것은 'qwerty'(키보드의 영어 알파벳 중 맨 처음에 배열된 6자), 'password', 'abc123'으로 이 역시 별 생각 없이 대충 만든 흔적이 역력했다. 온라인상의 해킹 및 사기 피해 방지를 위해 남들이 잘 추리할 수 없는 복잡한 비밀번호를 만들어야 한다는 점을 보여준 통계였다.

서브리미널 이미지

'서브리미널 이미지Subliminal Image'를 이론적으로 설명하면, 의식하지 못할 만큼 짧은 분량으로 삽입되는 영상이나 이미지를 말한다. 0.02초도 안 되는 찰나의 순간에 지나가므로 인지 자체가 불가능하다고 여길 수도 있겠지만, 실은 눈의 망막에 각인되어 보는 사람의 행동에 변화를 초래할 수 있다고 한다. 그렇다면 실제로 어떻게 활용되고 있을까?

서브리미널 이미지에 대한 관심이 불붙기 시작한 곳은 1957년 미국 뉴저지주의 한 영화관에서였다. 마케팅 전문가 제임스 비카리 James Vicary가 서브리미널 기법을 이용한 콜라, 팝콘 광고를 영화 상영 중에 노출시켰더니 영화 종료 후 콜라, 팝콘 매출이 급증했고, 이 사실은 사회적으로 엄청난 파장을 몰고 왔다. 심지어 CIA 수뇌부에서도 서브리미널 메시지의 잠재 효과에 관해 연구할 정도였다. 그런데 비카리 본인이 고안하여 특허를 낸 기법이어서 아무도 모방하지 못했다. 이를 두고 대중을 조작하는 음모니 의사과학이니 환각작용이니 하는 속설이 떠돌았다.

사실 영화감독들은 오래 전부터 서브리미널 기법을 사용했다. 음료 매출을 높이기 위해서가 아니라 관객의 상상력을 자극하고 부지불식간에 감정이 생겨나도록 하기 위해서였다. 가령 영화 〈엑소시스트〉를 보면 악몽을 꾸는 장면에서 파주주Pazuzu라는 악령이 삽입되어 불안감을 증폭시킨다. 더 유명한 장면은 디즈니 애니메이션 〈생쥐구조대〉(1977)에서 창가에 나체의 여인이 등장하는 컷이다. 제작팀이 눈속임의 장치로 끼워 넣은 것이었는데, 비디오 판 출시 때는 외설적이라는 이유로 삭제되었다.

프랑스의 경우 1988년 대선 직후에 터졌던 스캔들이 대표적인 예다. 프랑스 공영방송 '앙텐느 2'의 간판 뉴스 프로그램 〈JT〉에서 대선 2년 전부터 방송 첫머리에 '프랑수아 미테랑' 후보의 사진을 교묘하게 삽입해왔다는 정황이 포착되면서 선거 조작 의혹에 따른 소송이 제기되었다. 하지만 화면에 노출된 분량이 25분의 1초 이상인 것으로 확인되어 서브리미널 광고로 인정되지 않아 소송이 기각되었다.

서브리미널 메시지 효과를 입증할 과학적 증거는 사실 훨씬 많다. 1990년대 말 신경생물학자 파울 봐렌Paul Wahlen의 실험에서 서브리미널 메시지의 효과가 결정적으로 드러났다. 실험 참가자들에게 0.2초 동안 일련의 얼굴 이미지를 보여주었다. 먼저 0.033초 동안 기쁘거나 겁에 질린 얼굴을 보여준 뒤, 0.167초 동안은 아무 표정이 없는 얼굴을 보여줬다. 참가자들은 첫 번째 얼굴은 너무 순식간에 지나가 인지하지 못했다며 무표정한 얼굴만 기억했다. 그런데 자기공명영상장치MRI로 검사해보니 겁에 질린 얼굴을 봤을 때 대뇌변연계의 편도 부위가 특별히 반응하는 것이 나타났다. 참가자들은 알아차리지 못했지만 그들의 뇌는 공포에 질린 얼굴을 인식하고 그 정보를 처리했던 것이다. 이처럼 서브리미널 메시지는 실제로 효과가 있지만, 대중의 심리를 조작할 우려가 있어 사용할 때는 각별한 주의해야 한다.

3분

어린이와 청소년들의 평균 집중시간이 단 3분이라는 연구 결과가 캘리포니아 주립대학 도밍게즈 힐즈 심리학 연구진에 의해 밝혀졌다(2012년). 초중고 학생 및 대학생 수백 명을 대상으로 평상시 학습 환경(집, 학교 등)에서 15분간 특정 과제에 몰두하도록 했더니 대부분

몇 분 지나지 않아서 주변의 전자기기로 주의가 흐트러졌다고 한다. 페이스북과 휴대전화를 하는 것도 모자라 텔레비전에까지 눈이 팔렸다. 결국 멀티태스킹(여러 가지 일을 동시에 처리하는 능력)이 성적 부진의 걸림돌이 되고 있음이 여실히 입증되었다.

016

정자의 계절, 겨울

북반구 아이들이 9월에 많이 태어난다는 것은 잘 알려진 얘기다. 그렇다면 수정이 이뤄지는 시기가 12월에서 1월이라는 말이다. 계절상으로 날이 추워서 포근한 이불 속에서 곤히 잠을 청하려는 사람이 많을 테고, 게다가 성탄절 연휴도 끼어 있어 곤드레만드레 취하기 쉬울 텐데, 수정이 활발하다니 어찌된 영문일까. 2016년 이스라엘 연구진의 논문을 보면 추운 계절일수록 정자의 수가 증가하고 활동도 훨씬 민첩해진다고 한다. 정자가 최상의 컨디션을 과시하는 계절이 여름보다는 겨울이라는 이야기다.

2초 사이에 이런 일이!

전 세계에서 3.3kg에 달하는 치약이 낭비되는 것으로 추정된다. 치약 내용물의 4%가 튜브 속에 남아 있는 상태로 버려진다.

아스피린

아스피린Aspirin은 세계 최고의 인지도와 소비량을 자랑하는 약이다. 오늘날 우리가 아는 형태 그대로 19세기 말부터 판매됐다. 아스피린이라는 상품명은 꽃나무 스피리아Spiraea(조팝나무 또는 흰꽃조팝나무)에서 왔으며, 버드나무에 함유된 살리실산salicylic acid이 주성분에 들어 있어 '아세틸살리실산acetylsalicylic acid'이란 학술명이 붙었다. 버드나무는 일찍이 5천 년도 전부터 약효를 입증해왔다. 수메르인들은 통증 및 염증 완화를 위해 버드나무 껍질 달인 물을 먹었다고 한다. 고대 로마의 정치인 대 플리니우스Gaius Plinius Secundus Major도 그 약효를 언급했고, 이후 중세에도 꾸준히 사용되었다.

버드나무 약효의 핵심인 살리실산은 1835년에 발견되었으며 화합물이 만들어진 것은 몇 년 후였다. 1853년 프랑스 스트라스부르 출신의 화학자 샤를 프레데릭 게르하르트Charles Frédéric Gerhardt가 살리실산에 아세트산을 합성하여 아세틸살리실산, 즉 아스피린을 개발했는데 순도 면에서는 아직 부족한 상태였다. 그의 연구 업적이 계승되지 못하다가, 19세기 말에 이르러서야 독일 바이엘 연구소 소속의 독일 학자 펠릭스 호프만Felix Hoffmann에 의해 완성되었다. 이후 1899년 상품명 아스피린을 달고 바이엘 사에서 출시되어 가장 대중적인 진통제로 자리매김했다. 하물며 우주왕복선 '아폴로 11호' 우주 비행사용 구급상자에 들어갔을까.

지구 최대의 곤충 군락

1890년대 아르헨티나 개미*Linepithema humile*라는 개미종이 스페인과 프랑스 해안에 침입하여 거대군락을 형성한 후 무서운 기세로 퍼져나가더니, 2002년 6,000km에 이르는 해안을 점령해버렸다. 대개 개미들은 같은 종끼리도 경쟁하고 전쟁하기 마련인데, 유독 이 녀석들은 같은 종을 알아보고 협공 체계를 조직하여 다른 종을 공격한다. 그런데 기가 막힌 사실은 원산지인 아르헨티나에서는 여느 개미종이 그러하듯 같은 종끼리 서로 싸운다는 것이다. 추정컨대 수하물과 함께 배에 딸려와 유럽에 정착하고, 첫 군락을 형성하면서 동종 간의 경쟁 구도를 종식한 것으로 보인다. 그렇게 야금야금 지구상에서 가장 큰 곤충 군락을 건설했다.

아르헨티나 개미는 스페인 자치 지역인 카탈루냐 지역의 여러 해변에도 출몰해 기존의 거대군락의 유일한 경쟁상대로 입지를 굳히고 연일 전쟁을 벌이고 있다. 2009년 남프랑스 지중해 연안과 스페인 북서부 카탈루냐 지역의 코스타 브라바 연안에 침투해서도 고유종들을 맥없이 무너뜨리는 등 세계 곳곳에서 토박이를 정복하며 광대한 영토를 개척해나갔다. 일본, 미국 캘리포니아를 비롯해 뉴질랜드와 오스트레일리아에도 이들의 거대군락이 활개를 치고 있다. 한 가지 눈여겨 볼 사실은 세계 도처에 퍼진 거대군락들이 같은 종족에 속한다는 점이다. 예를 들어 유럽의 본부 군락에 속한 녀석이 일본의 지부 군락에 소속된 녀석을 만나면 동족임을 알아본다는 것이다. 하나의 같은 군락이 세계 전 대륙에 포진하여 초대형 군락을 이뤘다는 결론이다.

019 무한대

무한대는 숫자 8을 수평으로 누인 기호로 표시된다. 영국 수학자 존 월리스John Wallis가 고안했으며, 저서 《무한소산술無限小算術》(1655)에서 처음 사용했다. 왜 그런 형태로 정했는지에 대한 설명은 없지만, 흔히 무한의 개념을 곡선으로 나타내는 점을 생각해보면 이해가 간다. 동시대의 스위스 수학자 야코프 베르누이Jakob Bernoulli가 직교좌표에 표시했던 '쌍엽곡선雙葉曲線'도 아주 비슷한 꼴을 띤다. 로마 숫자에서 1,000을 나타내는 IC와 그리스 문자와 숫자의 오메가(소문자 ω)를 떠올려 봐도 좋다.

020 빅뱅으로 탄생한 우주, 현재 나이는?

138억 살

출생과 사망

세계는 1초에 평균 1.9명이 죽고, 4.41명이 태어난다. 하루에 15만 8,857명이 사망하고, 38만 222명이 출생하는 셈이다. 결국 해마다 8,600만 명꼴로 세계 인구가 늘고 있다. 세계 인구의 연 증가율은 1960년 최고치를 기록한 후 꾸준히 감소하는 추세이며, 최근 1.2% 정도로 집계되었다.

2초 사이에 이런 일이!

전 세계적으로 9,800kg에 달하는 물고기가 잡힌다. 매년 1억 5,400만 톤이 어획되는 셈이다. 이런 추세라면 2048년에는 식용 가능한 어종이 전멸할지도 모른다. 미국-캐나다 공동 연구진은 2006년 〈사이언스〉에 이 같은 결론을 담은 논문을 발표하며, 인류 전체에 무거운 경종을 울렸다. 지금처럼 해양 자원을 계속 남획하면, 21세기 중반쯤에는 식용 어류와 갑각류가 모조리 사라질 수도 있다는 얘기다. 이미 북대서양 해역은 대구 어종의 씨가 말라 멸종상태나 다름없다.

이처럼 불길한 전망은 2008년 유엔환경계획UNEP, United Nations Environment Programme의 공식 보고를 통해 사실로 굳어졌다. 우리 식탁에 오르는 어종 대부분이 멸종위기종이라고 보면 된다. 마구잡이 어획이 지구 생태계를 무너뜨릴 판국이다. 이에 과학자들은 관계 당국과 어부들이 사태의 심각성을 신속히 인지할 것을 촉구하고 있다. 세계보건기구의 통계를 보면 2012년 총어획량의 87%가 남획되었다.

022

1년으로 압축해 보는 지구의 역사

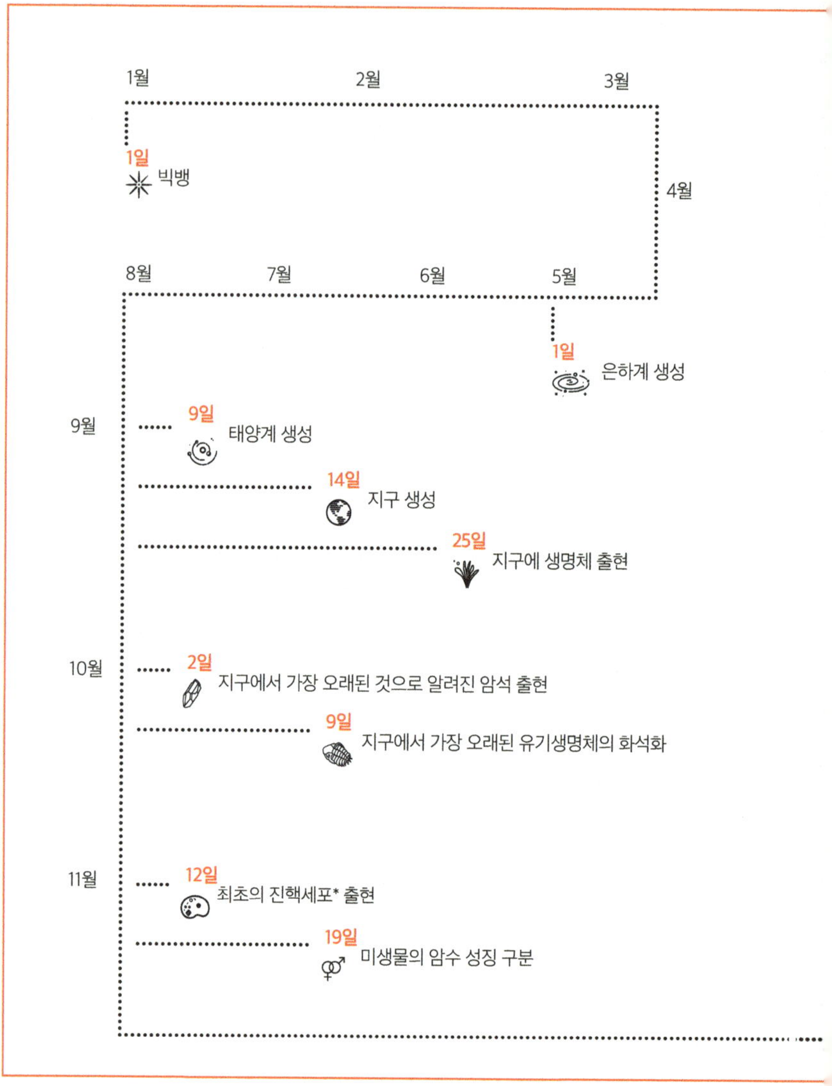

* 세포 속에 진정한 의미의 핵을 지닌 세포 - 옮긴이

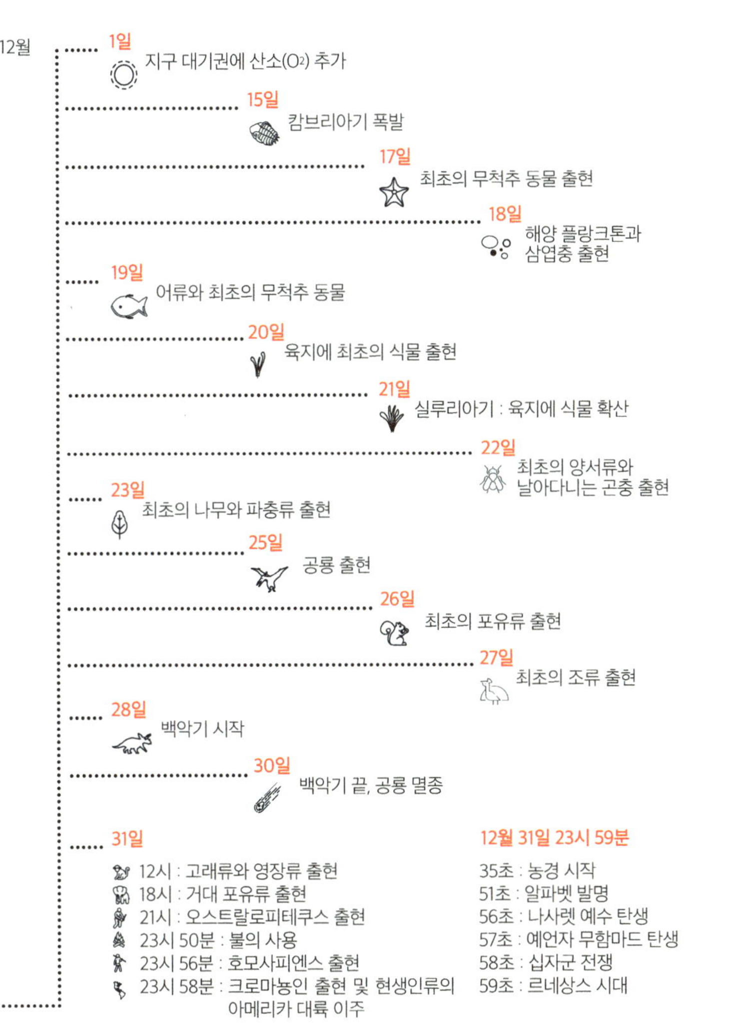

12월

1일
지구 대기권에 산소(O₂) 추가

15일
캄브리아기 폭발

17일
최초의 무척추 동물 출현

18일
해양 플랑크톤과
삼엽충 출현

19일
어류와 최초의 무척추 동물

20일
육지에 최초의 식물 출현

21일
실루리아기 : 육지에 식물 확산

22일
최초의 양서류와
날아다니는 곤충 출현

23일
최초의 나무와 파충류 출현

25일
공룡 출현

26일
최초의 포유류 출현

27일
최초의 조류 출현

28일
백악기 시작

30일
백악기 끝, 공룡 멸종

31일
12시 : 고래류와 영장류 출현
18시 : 거대 포유류 출현
21시 : 오스트랄로피테쿠스 출현
23시 50분 : 불의 사용
23시 56분 : 호모사피엔스 출현
23시 58분 : 크로마뇽인 출현 및 현생인류의
아메리카 대륙 이주

12월 31일 23시 59분
35초 : 농경 시작
51초 : 알파벳 발명
56초 : 나사렛 예수 탄생
57초 : 예언자 무함마드 탄생
58초 : 십자군 전쟁
59초 : 르네상스 시대

킹콩은 실제로 존재했을까?

이름 : 기간토피테쿠스

키 : 2~3m

몸무게 : 200~500kg

100만 년 전 지구에 실존했던 생명체

킹콩이라는 별칭을 지닌 기간토피테쿠스는 지구에 존재한 유인원 가운데 가장 몸집이 큰 영장류다. 독일 젠켄베르크 자연사 박물관의 연구진은 2016년 1월 과학 학술지 〈국제 제4기 학회Quaternary

International〉에 인간 진화와 고고환경에 관한 학술논문을 발표해, 이 거대 영장류의 아래턱 뼈 네 개와 어금니 수천 개를 발견했다고 밝혔다. 또한 어금니의 법랑질을 연구한 결과 이들이 채식을 했다는 결론도 도출했는데, 거대한 오랑우탄이나 검은색의 고릴라 녀석들이 오로지 숲에서만 서식했기 때문이었다. 이들 킹콩은 홍적세洪績世(지금으로부터 258만~1만 1700년 전의 지질시대)를 살았으며 거대한 체구에 걸맞게 식사량도 엄청났다. 멸종한 원인은 단연 환경의 변화에 있었다. 유일한 서식지였던 울창한 숲 지대에 나무가 점차 줄어들어 초원으로 바뀌면서 먹을거리가 부족해졌던 까닭이었다.

심장이 오른쪽에 있다면…

왼쪽에 있어야 할 심장이 오른쪽에 있는 증상을 일컬어 역위逆位 situs inversus라고 한다. 역위란 자궁에서 태아가 형성되는 시기에 좌우축이 바뀌어 내장기관이 정상과 반대쪽에 배열되는 선천성 기형의 일종이다. 요컨대 태아 형성기에 급작스런 변화로 '좌우 대칭의 균열이 발견'되는 질환이다. 정상적인 태아의 심장은 초기에 단순한 관 형태를 띠다가 두 칸, 세 칸으로 나뉘고 최종적으로 네 칸으로 분할된다. 따라서 완성된 심장은 기능에 따라 크게 왼쪽 심장과 오른쪽 심장, 두 부분으로 구분된다. 왼쪽 심장은 폐에서 산소 가득한 혈액을 받아 체내 각 조직으로 내보내고, 오른쪽 심장은 조직에서 '산소를 다 써버린' 혈액을 끌어와 폐로 보내 산소를 다시 채운다. 이처럼 양쪽 심장은 고유의 역할에 맞는 위치에 배열되어 있다. 따라서 왼쪽 폐는 폐엽이 두 개뿐이지만 오른쪽 폐는 산소를 보충해야 해서 폐엽이 세 개다. 인구 1만 명당 한 명꼴로 심장이 오른쪽에 있는 선천성 기형이 나타난다.

025

기린의 심장

기린의 심장은 평균 14kg로 체중의 2%를 차지할 만큼 크다. 그래서 온몸 구석구석까지 혈액이 힘차게 순환된다. 심장보다 무려 2.5m 위에 있는 뇌까지 혈액을 뿜어 올리려면 응당 그래야 할 것이다.

💬 2초 사이에 이런 일이!

2명이 담배로 목숨을 잃는다. 세계보건기구의 조사에 따르면 흡연으로 인한 사망자가 매년 600만 명에 달하는 것으로 나타났다. 이런 추세라면 2020년 이후에는 연간 1천만 명으로 불어날 전망이다. 세계보건기구는 20세기에 1억 명이던 흡연 사망 인구가 21세기에는 10억 명으로 늘어날 것이라고 추산했다.

사람의 키는 나라마다 제각각

국가별 평균 신장(2016년)

국가	남자	여자	연령
독일	182.3 cm	173 cm	성인
오스트레일리아	178.4 cm	166.9 cm	8~24세
캐나다	174 cm	167 cm	18~24세
	177 cm	168 cm	
벨기에	179.5 cm	168 cm	성인
크로아티아	182 cm	172 cm	
덴마크	182.1 cm	173.2 cm	
스페인	178.5 cm	167.3 cm	
미국	176.5 cm	167.6 cm	성인
	177.7 cm	168.1 cm	15~25세
프랑스	175 cm	167 cm	성인
	176.1 cm	167.9 cm	16~25세
핀란드	182.6 cm	171.5 cm	
그리스	178 cm	171 cm	성인
이탈리아	175.2 cm	165.1 cm	
일본	172.6 cm	162 cm	성인
룩셈부르크	179.1 cm	169.6 cm	15~25세
포르투갈	173.7 cm	165 cm	
네덜란드	180.8 cm	170.3 cm	
	184 cm	173.6 cm	21세
몬테네그로	185.6 cm	174.3 cm	

뉴질랜드	177 cm	166 cm	19~45세
노르웨이	179.7 cm	170.9 cm	18~19세(남녀 공통 자료 여부 불분명)
체코공화국	178 cm	167.5 cm	
루마니아	172 cm	164 cm	성인
스웨덴	177.2 cm	166 cm	
	181.1 cm	170.9 cm	16~24세
스위스	178.4 cm	168 cm	
통가	169.4 cm	156.2 cm	15~16세
터키	175 cm	167.2 cm	
우크라이나	176.5 cm	168.5 cm	

인류는 얼마나 무거울까?

2012년 런던 보건 및 열대의학 대학원의 연구진은 세계 각지의 성인 46억 명을 대상으로 몸무게를 측정했다. 그 총량은 2억 8,700만 톤으로 타이태닉호 5,400대에 해당한다. 이 중 1,500만 톤은 과체중(체질량지수 25~30) 인구의 체중 합계이고, 350만 톤은 비만(체질량지수 30 이상) 인구의 체중 합계다. 평균 체중이 가장 많이 나가는 나라는 미국이었다. 연구 대상자들이 모두 미국인처럼 뚱뚱하다면, 체중의 총량은 5,800만 톤이 더 나올 것이다. 쉽게 말해서 지구에 9억 3,500만 명이 더 살고 있다고 보면 된다.

비만은 세계적인 유행병

세계 성인 인구의 13%에 달하는 6억 5천만 명이 비만이라는 연구 결과가 2016년 4월 국제 의학저널 〈란셋Lancet〉에 실렸다. 비만 증상이 이 속도로 계속 퍼질 경우 과체중 인구 비율이 2025년 내로 20%에 육박해 남성은 18%, 여성은 21%를 기록할 전망이다. 세계보건기구 지표를 기준으로 체질량지수가 30kg/m²를 초과하면 비만이다.

시간의 상대성

사람의 일생을 1년 단위로 나타내면 다음과 같다.

사람의 일생을 일주일 단위로 나타내면 다음과 같다.

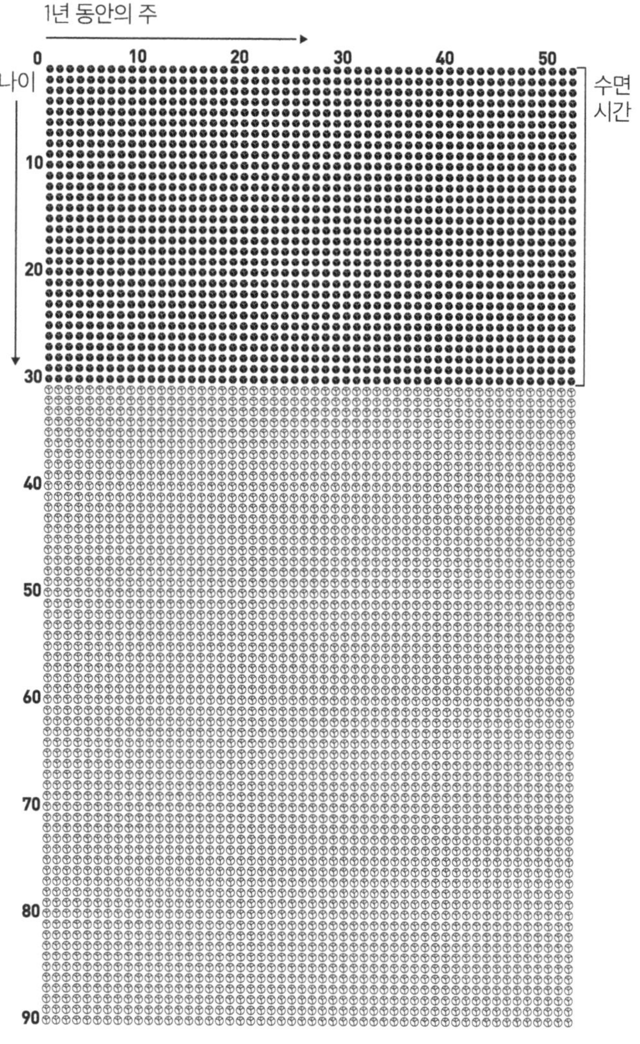

90세를 기준으로 평생의 30년을 자며, 그중 7~8년을 꿈꾸는 데
사용한다.

'백인'이 지구에 존재한 역사는 고작 8천 년

현생 인류인 호모사피엔스는 지금으로부터 약 20만 년 전 아프리카에서 발생한 후 각 대륙으로 진출했다. 4만 년 전 유럽에 처음 건너온 인류는 흑인이었을 것이다. 2015년 미국계 인류학자들은 하얀 피부가 인류의 신체 특징으로 자리 잡은 게 얼마 되지 않았을 거로 추정했다. 그들은 8500년 전 스페인, 룩셈부르크, 헝가리 등지에 정착해 수렵채집 생활을 한 인류가 흑인이었다는 연구 결과를 제시하며, 기원전 6천 년경에야 인류의 피부색이 하얘지기 시작했다고 설명했다. 햇빛이 적도지방보다 훨씬 짧은 유럽의 환경에 적응하는 과정에서 멜라닌 색소가 현격히 줄어든 백인이 되었다는 설이다. 피부에 멜라닌 색소가 적을수록 햇빛 흡수에 유리하고, 그래야 뼈 건강의 필수 요소인 비타민 D를 생성할 수 있기 때문이다.

원소 주기율표

원소 주기율표 periodic table 는 1869년경 러시아계 화학자 멘델레예프가 고안하여 '멘델레예프의 주기율표'로도 불린다. 기존에 알려진 모든 원소가 원자량의 증가 순서로 배열되어 있다. 원자의 중심

원소 주기율표

족 주기	1	2	3	4	5	6	7	8	9
1	1 **H** 수소 ·········· 원자 번호 / 원소 기호 / 원소 이름								
2	3 **Li** 리튬	4 **Be** 베릴륨							
3	11 **Na** 소듐	12 **Mg** 마그네슘							
4	19 **K** 포타슘	20 **Ca** 칼슘	21 **Sc** 스칸듐	22 **Ti** 타이타늄	23 **V** 바나듐	24 **Cr** 크로뮴	25 **Mn** 망가니즈	26 **Fe** 철	27 **Co** 코발트
5	37 **Rb** 루비듐	38 **Sr** 스트론튬	39 **Y** 이트륨	40 **Zr** 지르코늄	41 **Nb** 나이오븀	42 **Mo** 몰리브데넘	43 **Tc** 테크네튬	44 **Ru** 루테늄	45 **Rh** 로듐
6	55 **Cs** 세슘	56 **Ba** 바륨	57 **La** 란타넘	72 **Hf** 하프늄	73 **Ta** 탄탈럼	74 **W** 텅스텐	75 **Re** 레늄	76 **Os** 오스뮴	77 **Ir** 이리듐
7	87 **Fr** 프랑슘	88 **Ra** 라듐	89 **Ac** 악티늄	104 **Rf** 러더포듐	105 **Db** 더브늄	106 **Sg** 시보귬	107 **Bh** 보륨	108 **Hs** 하슘	109 **Mt** 마이트너륨

란타넘족	58 **Ce** 세륨	59 **Pr** 프라세오디뮴	60 **Nd** 네오디뮴	61 **Pm** 프로메튬
악티늄족	90 **Th** 토륨	91 **Pa** 프로트악티늄	92 **U** 우라늄	93 **Np** 넵투늄

비금속　금속　희토류

10 11 12 13 14 15 16 17 18

2
He
헬륨

5   6   7   8   9   10
B   C   N   O   F   Ne
붕소   탄소   질소   산소   플루오린 네온

13   14   15   16   17   18
Al   Si   P   S   Cl   Ar
알루미늄 규소   인   황   염소   아르곤

28   29   30   31   32   33   34   35   36
Ni   Cu   Zn   Ga   Ge   As   Se   Br   Kr
니켈   구리   아연   갈륨   저마늄 비소   셀레늄 브로민 크립톤

46   47   48   49   50   51   52   53   54
Pd   Ag   Cd   In   Sn   Sb   Te   I   Xe
팔라듐 은   카드뮴 인듐   주석   안티모니 텔루륨 아이오딘 제논

78   79   80   81   82   83   84   85   86
Pt   Au   Hg   Tl   Pb   Bi   Po   At   Rn
백금   금   수은   탈륨   납   비스무트 폴로늄 아스타틴 라돈

110   111   112   113   114   115   116   117   118
Ds   Rg   Cn   Nh   Fl   Mc   Lv   Ts   Og
다름슈타튬 뢴트게늄 코페르니슘 니호늄 플레로븀 모스코븀 리버모륨 테네신 오가네손

62   63   64   65   66   67   68   69   70   71
Sm   Eu   Gd   Tb   Dy   Ho   Er   Tm   Yb   Lu
사마륨 유로퓸 가돌리늄 터븀   디스프로슘 홀뮴   어븀   툴륨   이터븀 루테튬

94   95   96   97   98   99   100   101   102   103
Pu   Am   Cm   Bk   Cf   Es   Fm   Md   No   Lr
플루토늄 아메리슘 퀴륨   버클륨 캘리포늄 아인슈타이늄 페르뮴 멘델레븀 노벨륨 로렌슘

51

부에는 양자(프로톤, 양전하를 갖는 입자)와 중성자(뉴트론, 전기적으로 중성인 입자)가 결합한 원자핵이 있고, 원자핵 주위로 전자구름, 즉 음전하를 띠는 입자인 전자들이 맴돌고 있다. 원자 번호는 곧 양자와 전자 각각의 개수이며, 양자와 전자는 항상 같은 수로 존재한다(그렇지 않으면 원자가 전기적으로 중성이 될 수 없다).

원소주기율표의 마지막 행에 있는 7주기는 2015년 12월 30일에 공식적으로 등록되었는데, 이전까지 비어 있던 네 칸의 원소가 모두 발견되어 국제순수·응용화학연합IUPAC, International Union of Pure and Applied Chemistry의 검증을 받았다. 네 원소는 최근 10년 사이에 러시아-미국 합동 연구진(115번 moscovium 모스코븀 원소 기호 Mc, 117번 tennessine 테네신 원소 기호 Ts, 118번 oganesson 오가네슨 원소 기호 Og)과 일본 연구진(113번 nihonium 니호늄 원소 기호 Nh, 2016년 11월 30일 정식 등재됨 — 옮긴이)이 합성한 원소로, 원자핵을 구성하는 중성자들이 엄청나게 많아 '상당히 무거운' 것이 특징이다.

이제 119번부터 시작되는 8주기를 등록하기 위한 연구가 곧이어 착수될 계획이다. 8주기 원소들을 합성하려면 수십억 개의 가벼운 원소를 이용해 무거운 원소에 충격을 가해야 한다. 그러니 앞으로 10년 동안 새로운 연구팀들이 이 위대한 과업을 완성해야 할 것이다.

임신 기간

태생동물의 암컷이 수정 후 출산할 때까지 걸리는 시간을 임신 기간이라고 한다.

햄스터	16일	양	146~158일
생쥐	21일	염소	150일
쥐	21~24일	북극곰	5개월
토끼	28~31일	불곰	7개월 보름
마르모트	1개월	고릴라	250~270일
족제비	35일	사람	273일(9개월)
코알라	35일	젖소	280일
흰족제비	42일	노루	280일
여우	7~8주	바다표범	9개월 보름~11개월
고양이	60~65일	대왕고래	336일
개	59~63일	말	320~360일
사슴	9주	당나귀	365일
늑대	61~63일	흑고래	365일
기니피그	72일	큰돌고래	365일
비버	100일 남짓	얼룩말	375일
표범	13~15주	기린	427~457일
호랑이	105일	바다코끼리	460일
사자	110일	범고래	547~550일
돼지와 멧돼지	115일	코끼리	600~660일

행성이란?

2006년 국제천문연맹International Astronomical Union에서 채택한 정의에 따르면, 다음의 세 가지 기준을 충족해야 행성行星으로 분류된다.

1. 항성恒星의 바깥 궤도를 돈다.
2. 질량이 충분하여 구형의 형태를 유지한다.
3. 궤도상에 또 다른 천체가 없어야 하며, 다른 행성의 위성이 아니어야 한다.

명왕성은 마지막 3번 기준을 충족하지 못해 행성의 지위를 박탈당했다. 2000년대 이후 명왕성 궤도에서 작은 행성들이 대거(수천여 개) 발견되어, 동일한 궤도를 도는 유사한 크기의 천체가 하나도 없어야 한다는 요건을 충족시키지 못했기 때문이다. 명왕성은 세레스Cérès, 하우메아Haumea, 136108, 마케마케Makemake, 136472, 에리스Eris, 136199 천체와 더불어 왜소행성dwarf planet으로 재분류되었다.

안드로메다은하Andromeda galaxy가 우리은하에 222km씩 가까워지고 있다. 두 은하는 앞으로 약 40억 년 후에 충돌할 것으로 예측된다.

외계 행성

외계 행성Alien Planet이란 태양계 외부 우주 곳곳에 분포하는 행성이다. 외계 행성의 존재설이 제기된 것은 16세기 무렵이었으나 1990년대에 들어서야 최초로 관측되었다. 1995년 10월 6일 스위스 제네바 관측소의 연구원 미셸 마이어Michel Mayor와 디디에 켈로즈Didier Queloz는 태양계로부터 약 51광년 떨어진 곳에서 항성 '페가수스자리 51^{51 Pegasi}'의 주위를 공전하는 외계 행성 '51 페가시 b'를 발견했다고 발표했다. 연구진은 처음에는 목성 정도의 거대한 가스 행성이 너무 가까운 거리에서 공전하고 있었기 때문에 존재를 믿지 않았다고 했다. 게다가 공전 주기가 4.2일로 관측됐는데, 이 정도 행성이 태양계에 있다면 한 번 공전하는 데 적어도 10년은 걸렸을 것이다. 존재가 확실해지면서, 천문학자들은 이 새로운 유형의 행성을 '뜨거운 목성Hot Jupiter'으로 명명했다. 현재 유력한 가설에 따르면, 51 페가시 b가 생성될 당시에는 항성에서 떨어져 있었다가 나중에 가깝게 이동했다고 한다.

51 페가시 b의 발견 후 20년이 지난 2015년, 2천여 개의 외계 행성이 무더기로 발견됐다. 이 외에도 확인 절차에 있는 것이 수천 개나 된다. 자연계의 다양성이 상상 그 이상임을 실감케 한다. 외계 행성으로는 목성, 토성, 천왕성, 해왕성과 같은 목성형 행성과 수성, 금성, 지구, 화성과 같은 지구형 행성을 비롯해 바다 행성(지구와 상당히

유사한 행성으로, 표면이 온통 물로 뒤덮여 있다는 설이 제기됐으나 확증되지는 않음) 등이 있다. 크기가 지구만 한 것이 있는가 하면, 질량이 목성보다 훨씬 커서 어머니 항성을 흔들 정도의 위력을 지닌 '슈퍼 목성'도 꽤 많이 발견되었다.

한편 갈색왜성은 명확한 분류 기준(가장 큰 소행성보다는 질량이 크고 목성보다는 작은 정도)이 없는 탓에, '슈퍼 지구(지구형 행성 가운데 생명체가 존재할 가능성이 있고 질량이 지구보다 큰 행성 — 옮긴이)'와 곧잘 혼동되곤 한다. 지금까지의 연구 결과에 따르면, 외계에서 태양계와 유사한 계가 발견된 적은 없으며, 외계 행성들은 대체로 다닥다닥 붙어 있고 타원형에 가까운 궤도를 보인다. 태양계를 높은 곳에서 내려다본다고 가정하면, 그 궤도가 원형을 이루며 행성들은 멀찍이 떨어져 드문드문 있을 것이다. 한편 2013년 발사된 가이아^{Gaia} 위성이 행성과 관련된 새로운 정보를 과학자들에게 풍성하게 제공할 전망이다.

035

멸종위기종

국제자연보전연맹^{IUCN}은 자연보호와 천연자원 보전을 목적으로 1948년에 설립된 국제기구다. 스위스 글랑^{Gland}에 본부를 두고 있으며, 1964년부터 멸종 위기에 처한 동식물의 종과 그 보전 상태를 세계에서 가장 포괄적으로 정리한 IUCN 적색목록IUCN Red List을 발표해왔다. 멸종위기종으로 지정된 생물은 다음의 9가지 범주로 분류된다.

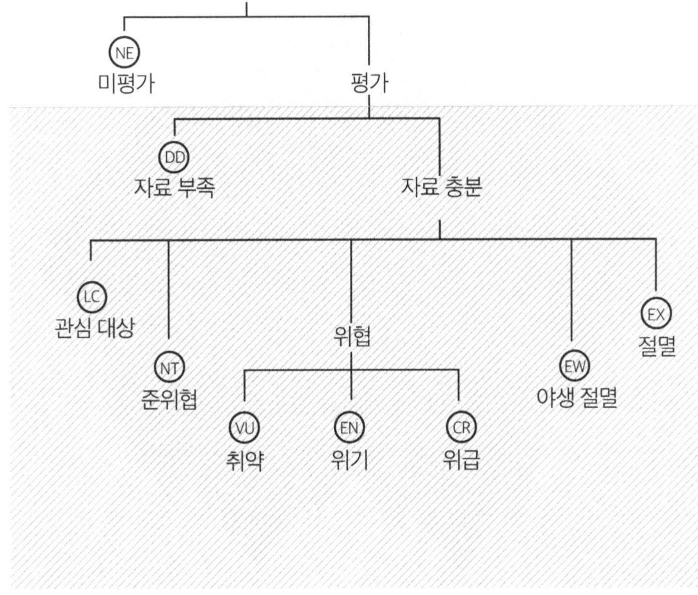

- 절멸종 / 절멸Extinct : 개체가 하나도 남아 있지 않음.

- 자생지 절멸종 / 야생 절멸Extinct in the Wild : 야생에서는 절멸했고 보호시설에서만 생존하고 있음.

- 절멸 우려 부류 3가지

  ○ 심각한 위기종 / 위급Critically Endangered : 야생에서 절멸할 가능성이 대단히 높음.

○ 멸종 위기종 / 위기Endangered : 야생에서 절멸할 가능성이 높음.

○ 취약종 / 취약Vulnerable : 야생에서 절멸 위기에 처할 가능성이 높음.

• 위기 근접종 / 준위협Near Threatened : 가까운 장래에 야생에서 멸종 우려 위기에 처할 가능성이 높음.

• 관심 필요종 / 관심 대상Least Concern : 위험이 낮고 위험 범주에 도달하지 않음.

• 자료 부족종 / 자료 부족Data Deficient : 멸종 위험에 관한 평가 자료 부족.

• 평가 불가종 / 미평가Not Evaluated : 아직 평가 작업을 거치지 않음.

각각의 범주는 멸종 위험의 정도를 객관적으로 나타내기 위해 정량적 기준을 따른다.

다음의 5가지 기준으로 멸종위기의 정도를 판단한다.

1. 개체 수 감소율 2. 총 개체 수 3. 출현 및 분포 지역

4. 개체군 밀도 5. 개체군 분열

2015년 국제자연보전연맹은 지구에 존재하는 것으로 알려진 170만 종의 동식물 가운데 8만여 종을 평가했으며, 그중 절멸 가능성이 대단히 높은 척추동물과 식물 중에는 침엽수를 집중적으로 조사했다. 결과는 양서류의 41%, 조류의 13%, 포유류의 25%가 절멸할 위기에 처해 있으며, 상어와 가오리의 31%, 산호초의 33%, 침엽수의 34%도 같은 위기에 놓인 것으로 나타났다.

건강염려증

건강염려증hypochondria은 그리스어에서 하부를 뜻하는 'hypo'와 갈비뼈를 뜻하는 'chondria'에서 유래했다. 히포크라테스가 복부 상단에 위치한 '늑골 하부'를 가리키는 용어로 만든 것으로, 우측 늑골 하부에는 간의 대부분과 쓸개가, 좌측 늑골 하부에는 위와 횡행 결장이 들어 있다. 따라서 늑골 하부는 인간이 느끼는 모든 종류의 통증에 노출되어 있다. 하지만 손으로 감지할 수 없는 부위인 까닭에, 의학적 지식이 미미했던 고대 그리스인들에게 이 부위의 통증은 풀리지 않는 수수께끼였다. 16세기에 들어서 늑골 하부에 끊임없는 고통을 호소하는 증상에 '늑골 하부 우울증mélancolie hypocondriaque' 이라는 병명이 붙기 시작했다. 뼈와 연골 덩어리 안쪽의 장기들을 제대로 진찰할 수 없었던 내과의사들이 만들어낸 가상 병명이었다. 오늘날의 심기증hypochondria은 자신의 건강에 대해 지나치게 불안 해하고 걱정하는 증상, 즉 건강염려증을 의미한다. 다시 말해, 자신 의 신체 상태에 강박적으로 신경을 쓰고, 잘 알지도 못하면서 스스 로 중병에 걸렸다고 진단해버리는 증상이다.

19세기에 활동한 신경과 의사 쥘 코타르Jules Cotard는 건강염려증 이 신경과 질환인지 내과 질환인지 모호한 증상이라며, 다음과 같이 기술했다. "병에 얽힌 비밀과 치료법을 환자 본인만이 알고 있으며, 병에 걸렸는지 안 걸렸는지를 환자 스스로가 결정한다." 건강염려증으로 판명되려면 심각한 정신 장애 유무를 결정하는 엄격한 기준에 부합해야 한다. 자신의 건강 상태에 대한 불안감이 최소 6개월 이상 지속되고, 병적인 공포감을 호소하며, 의료진의 확실한 진단 소견이 있는데도 자신의 생각이 옳다고 고집하면 건강염려증으로 본다. 하지만 누구나 건강에 대한 불안증은 어느 정도씩 갖고 살아간다. 건강염려증은 결국 인류 공통의 두려움 가운데 하나인 죽음에 대한 두려움과 맞닿아 있기 때문이다. 이를 증명하기라도 하듯, 건강염려증으로 유명한 환자 가운데 한 명인 우디 앨런은 이렇게 말했다. "인간에게 죽음이 예정되어 있는 한, 긴장을 완전히 풀고 살지는 못할 것이다."

037

병 고치려다 병 얻는 격

2013년 파리 조르주 퐁피두 병원에서 실시한 설문조사에서 80세 이상의 프랑스 국민 90% 이상이 하루 평균 10종류의 약을 복용한다는 사실이 밝혀졌다. 이는 상당히 위험한 수준이다. 65세부터는 약성분을 해독하는 속도가 훨씬 느려지고, 인체가 약에 대해 더욱 민감하게 반응하는 데다, 약에 대한 부작용이 2배로 증가해 훨씬 심각해지기 때문이다.

최고로 편안한 각도

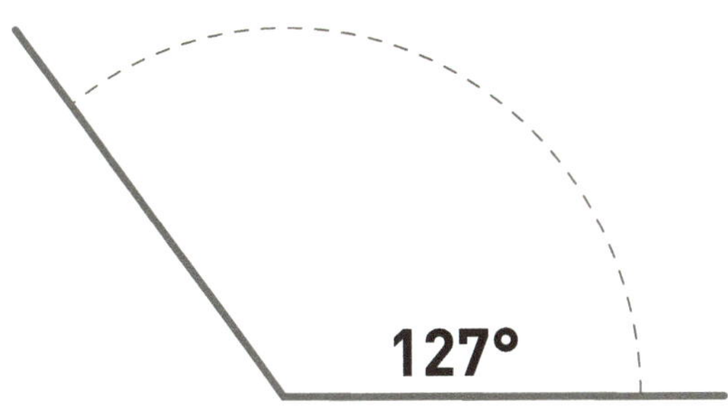

미 항공우주국NASA 연구진은 무중력 상태에서 우주인들이 취하는 자세를 연구하여 '중력을 0'으로 받는 인체 각도를 알아냈다. 소파나 긴 의자에 온몸을 내맡기고 푹 파묻히듯 편안하게 앉을 때도 상반신과 골반 사이에 이 각도가 나온다고 한다. 이 각도로 앉으면 척추의 긴장이 사라지고 체중의 최대 60%까지 느끼지 않게 된다. 물리치료용 의자나 비행기 비즈니스 석의 의자에 이 각도가 적용되고 있다.

2초 사이에 이런 일이!

미국 상공에서 비행기 앞 유리창에 부딪혀 죽는 새가 5마리, 고층 건물과 충돌해 죽는 새가 64마리나 된다. 특히 고층 건물의 유리창은 서식지 파괴에 이어 조류의 목숨을 앗아가는 두 번째 원인이다.

039

식품은 얼마 만에 부패하기 시작할까

다음은 식품별로 상온에서 보존 가능한 평균 기간이다.

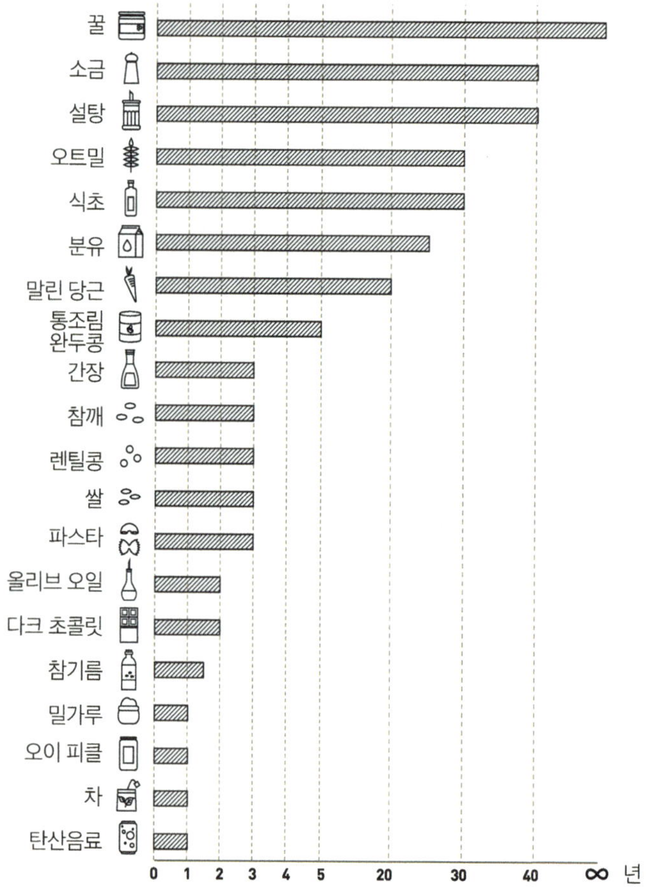

채소로도 흡연이 가능하다

니코틴은 자연 상태의 담배 식물에 고농도로 함유된 알칼로이드 (식물계에 널리 분포하는 염기성 유기화합물 — 옮긴이) 성분이다. 그렇다면 채소에도 근소하지만 니코틴을 발견할 수 있다는 뜻이다. 보통 담배 한 개비에는 10mg가량의 니코틴이 들어 있으며, 이중 흡연자가 마시는 양은 1mg다. 다음의 표는 담배 한 개비에 해당하는 니코틴 양을 섭취하려면, 한 번에 얼마만큼의 채소를 먹어야 하는지를 나타낸 것이다.

채소	니코틴 1mg(담배 한 개비) 추출에 필요한 무게
가지	10kg
꽃양배추	59.5kg
감자	140kg
덜 익은 토마토	23.4kg
다 익은 토마토	23.3kg
토마토 퓨레	19.2kg

출처 : 의학 학술지 〈뉴잉글랜드 저널 오브 메디슨New England Journal of Medicine〉 vol. 329 p.437

발톱을 드러낸 호랑이

세계자연기금WWF과 국제호랑이포럼GTF은 2016년 들어 100년 만에 최초로 세계 야생 호랑이의 개체 수가 증가했다고 밝혔다. 이로써 지구에 서식하는 고양잇과 포유류 호랑이가 3,890마리로 확인됐다. 지난 2010년에는 (사상 최저치를 보여) 3,200마리에 그친 바 있다. 호랑이 개체 수는 1900년 총 10만 마리로 집계된 이후 계속 급감하다가 2016년 처음으로 오름세로 돌아선 것이다. 호랑이가 가장 많이 분포하는 나라는 인도로 2,226마리가 서식하고 있다.

원주율

기원전 3세기 그리스 수학자 아르키메데스가 개론서《원의 측정 Measurement of a Circle》에서, 원의 넓이($S=\pi r^2$)를 원의 반지름을 한 변으로 하는 정사각형의 넓이($S=r^2$)로 나눈 값(π)이, 원의 둘레($l=2\pi r$)를 지름($l=2r$)으로 나눈 값(π)과 같다고 정의한 이후, 원의 둘레를 지름으로 나눈 값인 원주율 π는 인류의 호기심을 끊임없이 자극해왔다.

원주율을 구하면 소수점 아래로 일정한 규칙 없이 무한대로 이어지는 무리수無理數가 나온다.

2011년 10월, 일본인 알렉산더 제이 이와 시게루 콘도는 371일간의 계산 끝에 원주율 구하기 세계 신기록을 세웠다. 그들은 소수점 아래 10조 자리, 컴퓨터 데이터 단위로 치면 몇 테라바이트(TB, 1GB의 약 1,000배 용량 — 옮긴이)까지 계산했다.

앞서 2005년에는 중국인 차오 루가 원주율을 소수점 이하 67,890자리까지 암기하는 기록을 수립했다. 그보다 1년 앞서 영국 옥스퍼드에서 열린 2004년 파이 데이Pi Day(매년 3월 14일에 열리는 원주율 암기 대회 — 옮긴이)에서는 대니얼 태밋이 5시간 9분 만에 소수점 22,514자리까지 원주율을 암기해 유럽 기록을 경신했다.

태양계

태양계는 은하계에 속한 행성계의 하나로, 은하계 중심에서 약 2만 8천 광년 떨어진 은하계 변두리에 있으며, 여러 종류의 천체로 이뤄져 있다.

- **태양계 중심 항성** : 당연히 태양이다. 거대한 불덩어리 같은 태양은 열핵융합반응에 의해 쉴 새 없이 수소를 태운다. 태양이 뿜어

내는 에너지가 없으면 지구에 생명이 살지 못한다.

- **여러 행성** :

  - **지구형 행성** : 수성, 금성, 지구, 화성. 태양과 가까운 행성들
    로, 부피와 질량이 작고, 밀도는 높으며, 표면이 암석으로 덮
    여 있다.

  - **거대 행성 또는 목성형 행성** : 목성, 토성, 천왕성, 해왕성. 태
    양에서 멀리 떨어져 있다. 부피와 질량이 아주 크고, 밀도는
    매우 작다. 대부분의 대기가 수소로 이뤄져 있다. 둘레에 고
    리가 있고, 수많은 위성이 돌고 있다.

  - **왜소행성** : 세레스, 명왕성, 에리스, 마케마케, 하우메아. 2006
    년 국제천문연맹IAU의 결정에 따라 또 하나의 행성 카테고리
    로 분류되었다.

- **소행성** : 화성과 목성 사이에 흩어져 태양 주위를 공전하는 작은
  암석행성들로, 수십억 개가 존재할 것으로 추정된다.

- **혜성** : 작은 크기의 천체로 핵에 얼음과 먼지가 섞여 있다. 태양계
  의 가장자리에 밀집해 있으며 이따금 인접한 항성들에 부딪혀 핵
  의 균형을 상실해 운행 궤도를 이탈하기도 한다. 태양의 중력에
  이끌려 태양계 내부로 진입하기도 하는데, 이 과정에서 핵의 표면
  을 덮은 얼음이 태양열에 증발해 혜성 특유의 꼬리가 나타난다.

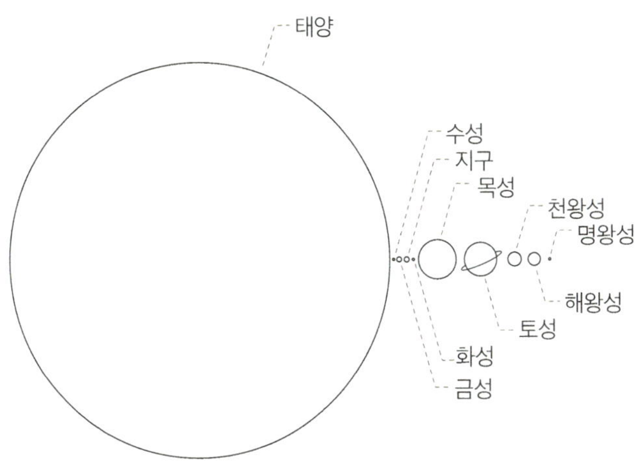

태양의 신분증

천문 기호 : ⊙

지구와의 거리 : 149,600,000km

평균 반지름 : 696,000km

표면 온도 : 5,800°C

질량 : 1.989×10^{30}kg

태양은 우리은하를 구성하는 1,400억여 개 항성 가운데 하나로,

우리은하의 중심에서 2만 8천 광년가량 떨어진 가장자리에 위치한다. 태양은 우리 행성계의 중심 항성으로, 지금까지 그 주변에 행성 8개와 왜소행성 5개를 비롯해 소행성 수백만 개가 돌고 있다고 알려졌다. 태양계 전체 질량의 99.8%를 태양이 차지한다.

태양은 지구보다 100배나 크다. 이 사실은 1995년 태양 관측용으로 발사된 탐사위성 '소호Soho'에서 보내온 내용이다.

태양은 거대한 원자력발전소와 같은 역할을 한다. 핵에서 핵융합 반응으로 수소를 헬륨으로 전환하여 어마어마한 양의 에너지(3억 8,600만 메가와트)를 방출한다. 태양 중심부의 온도는 1,500만°C를 웃돈다. 이러한 에너지 덕분에 우리 지구에 생명이 태동하고 광합성을 할 수 있다.

이처럼 불덩어리와 같은 태양의 표면에는 초속 800km에 달하는 강풍이 맹렬히 불고 있다. 그러다 폭풍이 몰아치면 한껏 달아올라 있던 태양이 대기 중으로 폭발하는데 이 현상을 일컬어 '태양 플레어solar flare'라 한다. 이때 솟구치는 불꽃이 지구의 50배나 될 정도로 엄청나게 크다. 다행히 지구에 해를 입히지 않고 극지방의 오로라처럼 황홀한 광경만을 선사할 때가 대부분이지만, 불꽃이 무지막지하게 커지면 인공위성과 송전시설에 타격을 줄 수 있다. 1859년 여름에는 강력한 태양 폭발 때문에 지구 표면에 초강력 전류가 발생해 수많은 통신시설이 화마에 휩싸이기도 했다.

태양의 나이는 47억 살로 지구나 태양계와 같다. 보유한 수소의 40%를 써버렸지만 남은 양으로도 향후 70억 년은 거뜬히 핵융합을 할 수 있다. 그러나 태양 나이가 120억 년이 되면 수소를 모두 소진해 수소를 태우는 'G형 주계열성'에서 헬륨을 태우는 '적색거성赤色巨星'으로 탈바꿈하여 표면이 지구 궤도를 침범할 만큼 어마어마하게 커질 것이다. 그 후로 5억 년간은 헬륨을 태워 핵융합을 하면서 바깥층들이 우주로 흩어져 '행성상성운'이라는 새로운 별 무리를 생성하고, 핵도 폭발하여 지구처럼 작은 '백성왜성'으로 거듭날 것이다. 그로부터 수십억 년 뒤 태양은 완전히 식어버려 더는 빛을 발하지 못하는 죽은 행성, '흑색왜성黑色矮星'으로 변하게 된다.

식물의 뿌리

식물은 약 5억 년 전 지구에 출현했다. 그 후 뿌리가 생겨 땅에 굳건히 자리를 잡고 주변을 오롯이 차지할 수 있게 되면서 대대적인 변화를 맞이했다. 한편 녹색조류와 이끼류, 버섯류, 지의류地衣類를 보면 알 수 있듯이 뿌리가 없는 식물도 있다.

식물은 뿌리 끝에 난 뿌리털을 통해 양분을 공급받는다. 뿌리털은 땅속의 수분을 빨아들여 식물 성장에 필요한 각종 무기물을 전달하며, '증산蒸散' 작용을 통해 수분을 공기 중으로 증발시켜 식물체의 온도가 높아지지 않게 조절해준다. 뿌리털의 양도 상당해서 $1cm^2$당 2천 가닥의 밀도로, 10억 가닥이 넘는 털이 있다. 하지만 야자나무처럼 뿌리털이 없는 식물도 있다. 식물에 따라 뿌리의 성장 속도가 달라서 하루에 3mm에서 2cm까지 자란다.

식물의 뿌리와 키는 상관관계가 없다. 삼나무의 일종인 세쿼이아 나무는 100m 넘게 자라지만 뿌리는 90cm가 될까 말까 한다. 반면 열대 대초원에 서식하는 소관목 중에는 키가 1m도 안 되지만 뿌리는 50~60m나 되는 것들도 있다.

$E = MC^2$

E : 에너지(J)

M : 질량(kg)

C : 진공 상태에서의 빛의 속도

이 방정식은 1905년 아인슈타인이 발표한 특수상대성 이론의 공식이다.

진공 상태에서의 빛의 속도

299,792,458m/s $\cong$ 300,000km/s

지구에는 얼마나 많은 동식물 종이 있을까

국제자연보전연맹에서 발표하는 〈적색목록〉에는 전 세계 멸종위기종의 현황뿐 아니라 동식물 종의 가짓수에 관한 가장 공신력 있는 자료도 제시돼 있다.

척추동물	가짓수
포유류	5,515
조류	10,424
파충류	10,272
양서류	7,448
어류	33,200
소계	**66,859**
무척추동물	**가짓수**
곤충류	1,000,000
연체동물	85,000
갑각류	47,000
산호류	2,175
거미류	102,248
지네류	165
투구게	4
기타	68,658
소계	**1,305,250**

식물	가짓수
이끼류	16,236
고사리류 및 유사종	12,000
겉씨식물	1,052
속씨식물	268,000
녹조식물	6,050
황적조식물	7,104
소계	**310,442**
균류 및 단세포생물	**가짓수**
지의류	17,000
버섯류	31,496
갈색조류	3,784
소계	52,280
총계	**1,734,831**

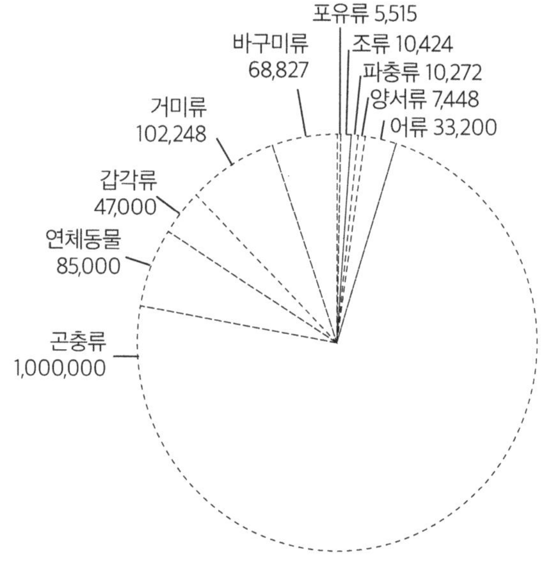

표의 수치는 2015년 확인 및 집계된 생물 종의 가짓수다. 해마다 1만 8천여 종, 하루 50종가량 새로운 종들이 끊임없이 발견되고 있다. 2011년 미국 연구진이 동식물 종의 총 가짓수를 가장 정확하게 추정했다. 이에 따르면, 지구상에 870만 종의 동식물이 존재하는 것으로 나타났다. 이 가운데 곤충류의 비율이 90% 이상이었다.

048
일광욕 중독

선탠에 중독되는 희귀한 중독 증상을 가리키는 신조어다. 거식증 환자들이 끝까지 자신이 너무 뚱뚱하다고 여기듯이, 이들은 아무리 살갗을 태워도 절대 만족할 줄 모른다. 피부과 전문의들은 단순히 외모상의 이유로 피부를 과하게 그을리는 것이 아니라고 진단한다. 태양광선이 멜라닌 생성을 촉진하고 피부색을 구릿빛으로 만들어주기도 하지만, 무엇보다 행복 호르몬으로 잘 알려진 엔돌핀의 분비를 활성화해주기 때문이라고 풀이한다. 우리의 인체가 약물에 빠지듯이 햇빛에도 중독될 수 있어서 갈수록 점점 더 많은 양의 햇빛을 갈구하게 된다고 한다.

프레디 머큐리의 가창력

2016년 오스트리아·체코·스웨덴 3국의 과학자들은 학술지 〈음성언어학Logopedics Phoniatrics Vocology〉 4월호에 록 그룹 '퀸'의 리드보컬 프레디 머큐리의 음역이 인간의 영역을 초월한다는 연구 논문을 발표했다. 연구진은 옥타브와 음역을 자유자재로 넘나드는 프레디 머큐리만의 가창력 비결을 기술적으로 분석했다. 우선, 생전의 인터뷰 영상을 보고 정지 자세로 말할 때의 목소리 평균 진동수(117 Hz)를 측정했다. 그런 다음, 스웨덴 가수 다니엘 상게르 보르크가 머큐리의 모창을 하는 모습을 1초당 4천 개 이미지를 포착하는 카메라로 촬영해 목젖의 떨림을 포착했다. 프레디 머큐리는 사람들이 생각하는 테너가 아니라 바리톤이었고, 노래할 때 음역대를 조절하는 기교가 탁월한 것으로 나타났다. 탁월한 비브라토 실력 덕분에 남들이 흉내 낼 수 없는 희귀한 창법을 구사했던 것이다.

프레디 머큐리의 성대는 평균보다 훨씬 빨리 진동했다. 일반 가수가 비브라토를 하면 1초당 진동수가 5.4~6.9Hz인데 머큐리는 7.04Hz에 가까웠다. 자작곡 '쇼 머스트 고 온Show must go on'과 같은 고난도 곡을 능수능란하게 소화할 때의 발성을 분석해보니 그 속도가 폭풍우가 몰아치는 속도와 맞먹었고 티베트 수도승들이 흉강胸腔을 진동시키는 묵중한 저음 창법과 흡사했다. 실제로 머큐리는 후두의 몇몇 부위를 진동시켜 여러 음역대의 음을 동시에 내는 '서브하모닉스subharmonics'라는 창법을 구사했다. 흉강 진동은 정통 성악에서는 잘 사용하지 않는다.

테시투라

테시투라tessitura는 성악가나 가수나 편하게 낼 수 있는 음역을 말한다.

베이스 : 1옥타브 파 ~ 3옥타브 미(남성)

바리톤 : 1옥타브 라 ~ 3옥타브 솔(남성)

테너 : 2옥타브 레 ~ 3옥타브 시(남성)

콘트랄토 : 2옥타브 파 ~ 4옥타브 파(여성)

알토 : 2옥타브 라 ~ 4옥타브 라(여성/어린이)

메조소프라노 : 2옥타브 라 ~ 5옥타브 도(여성/어린이)

소프라노 : 3옥타브 레 ~ 5옥타브 레(여성/어린이)

사람의 혈액형

혈액도 근육이나 뼈와 마찬가지로 하나의 조직으로 분류된다. 성인 남성의 몸에는 5리터 정도의 혈액이 들어 있다. 혈액의 주된 기능은 체내 구석구석에 산소를 운반하고 체내 노폐물 배출 기관(신장, 폐, 간, 장)으로 이산화탄소를 보내는 것이다. 혈액은 45%의 혈구(적혈구, 백혈구, 혈소판)와 55%의 혈장(혈구를 운반하는 액체성분)으로 이뤄져 있다. 포유류의 경우 같은 종 속에 몇 종류의 혈액형이 있다. 인간의 경우 O, A, B, AB의 네 가지 혈액형으로 나뉘며, B형과 AB형은 통계적으로 희소한 편이다. 각 혈액형은 Rh 인자에 대한 응집 유무에 따라 Rh+와 Rh−로 나뉜다. 혈액형은 혈액형 유전법칙에 기초해 부모에서 자식 세대로 유전되며, 국가나 민족별로 혈액형이 다른 비율로 나타난다. 아메리카 토착민의 경우 대부분이 O형에 속한다.

국가·민족별 혈액형 분포

국가·민족	O형	A형	B형	AB형
독일	41%	43%	11%	5%
벨기에	44%	45%	8%	3%
영국	47%	42%	8%	3%
바스크족*	56%	40%	3%	1%
프랑스	43%	45%	9%	3%
페루 인디언	100%	0%	0%	0%
마야족	97%	1%	1%	1%

아메리카 인디언	96%	4%	0%	0%
중가리아 (중국 신장 위구르 자치구)	26%	23%	41%	11%
한국**	27%	34%	27%	12%

*스페인 북부와 프랑스 남서부 접경의 피레네 산맥에 거주하는 소수민족.

** 2015년 기준.

인간의 치아

사람의 치아는 상아색을 띠는 단단한 조직으로, 치아 한 개는 하나의 치관齒冠과 턱뼈 속에 묻힌 하나 이상의 치근齒根으로 구성된다. 총 치아 수는 유아기(생후 6~7개월부터 만 5세까지의 유치)에 20개, 성인기(만 6세 이후의 영구치)에 32개다. 치아는 우리 몸에서 가장 단단한 조직으로, 심지어 불에도 견딘다.

치의학이 인류 역사에 최초로 모습을 드러낸 것은 기원전 3천 년경 수메르, 힌두, 중국 문명에서였다. 근대 치의학의 아버지는 단연코 루이 14세의 담당 치과의였던 피에르 포샤르Pierre Fauchard라 할 수 있다. 그는 아말감 충전(충치로 생긴 구멍을 충전재로 채워 치아 사이에 음식물이 끼지 못하게 하는 기술)을 최초로 권장하고, 충치 부위 제거를 위한 '구멍 뚫기' 기술(당시는 수공으로 함)을 최초로 개발했다. 19세기는 치의학계에 대변혁이 일어난 시기로, 치과 치료에 공포를 느끼는 환자들에게 악몽과도 같은 기구인 전기 드릴이 발명되었다. 당시에는 전기 드릴의 1분당 회전수가 1분당 600번에 불과했지만 오늘날에는 40만 번에 이른다.

치아 위생을 위한 양치질은 아주 오래전부터 시작되었다. 고대 이집트 사람들은 재와 점토를 섞은 반죽으로 치약을 만들어 썼으며, 현대적 형태의 칫솔은 1780년 무렵 처음 등장해 도시인을 중심으로 사용됐다고 한다.

053

원숭이의 이빨

인류가 출현하기 전 남아메리카 원숭이들이 헤엄을 쳐서 북아메리카로 이동했다는 사실이 미국 연구진에 의해 보고되었다. 지금은 두 대륙이 파나마 지협을 사이에 두고 하나로 이어져 있지만 당시에는 분리되어 있었다. 연구진은 2016년 4월 과학 학술지 〈네이처〉에 관련 내용을 발표하고 '파나마 운하 확장 공사' 중 출토된 작은 이빨 화석 7개의 정체와 연원을 밝혔다.

2100만 년 전 아메리카 대륙이 160km 폭의 광대한 해역에 의해 둘로 나뉘었던 시기에 살았던 원숭이들의 이빨로 드러났다. 그중 가장 긴 이빨은 5mm로 흰머리카푸친 원숭이와 다람쥐원숭이와 친족 관계에 있는 남아메리카 원숭이 파나마케부스 트란시투스의 이빨이었다. 파나마케부스 트란시투스는 이 연구를 통해 새롭게 발견된 원숭이 종으로 크기는 중간, 몸무게는 3kg 정도였다고 한다. 이는 남아메리카 원숭이가 2100만 년 전 헤엄을 쳐서 파나마 지역에 당도했으며, 남아메리카에서 북아메리카를 향해 이동한 최초의 포유류라는 뜻이다. 이토록 먼 거리를 이동할 수 있었던 것은 바닷물에 둥둥 떠다니던 뗏목의 잔해 덕분이었다. 한편, 다른 포유류들은 350만여 년 전 두 대륙을 연결하는 육교陸橋를 통해 건너간 것으로 추정된다.

연구진은 이빨의 골 성분 분석 자료와 이빨 형태를 토대로 파나마 케부스 트란시투스가 남아메리카 서식 당시 열대밀림에서 과일을 먹고 살았다는 결론을 도출했다. 북쪽으로 더 올라가지 않고 파나마에 정착한 이유는 전에 늘 먹던 과일을 발견했기 때문이었다.

054
아원자입자의 표준모형

현대 물리학은 물질을 구성하는 기본 단위로 원자보다 더 작은 입자가 존재함을 밝혔는데, 이를 가리켜 '아원자입자subatomic particle'라고 한다. 물리학에서 '기본입자'란 더 이상 쪼갤 수 없으며, 오로지 그 자체만으로 이뤄진 입자를 뜻한다. 좀 더 명확히 설명하면, 자신보다 더 작은 입자로 이뤄져 있다는 사실이 아직 증명되지 않은 입자를 말한다. 현재 알려진 바에 따르면, 다음의 구성 요건을 충족해야 아원자입자로 인정된다.

- 기본입자 24개 : '페르미온(페르미 입자)' 12개와 '기본상호작용 fundamental interaction(자연계에 기본적으로 존재하는 힘들에 의한 상호작용을 세기에 따라 분류한 것 ― 옮긴이)'을 하는 '보손(보스 입자)' 12개로 구성된다.

- 4가지 기본상호작용

- **중력 상호작용** : 눈으로 직접 확인이 가능한 까닭에 네 가지 기본상호작용 가운데 최초로 관찰되었다. 천체들이 서로 끌어당기는 힘, 물체의 낙하 등이 있다.

- **전자기적 상호작용** : 원자핵 주변의 전자들을 고정시키는 작용을 말한다. 전자기기의 작동뿐 아니라 광학적 · 화학적 현상의 기본이 된다.

- **약한 상호작용** : 'β붕괴'처럼 속도가 매우 느린 과정들이 포함되어 있는 까닭에 이렇게 명명되었다. 모든 항성(별)과 관계된 작용이다.

- **강한 상호작용** : 원자핵 내부의 쿼크들을 연결하는 작용을 가리킨다. 중력 상호작용과 전자기적 상호작용(이 둘은 중력이 가장 멀리까지 가장 약하게 작용함)과 달리, 약한 상호작용과 강한 상호작용은 단거리에 작용하는 힘이다.

이 네 가지 기본상호작용은 특정한 입자들(글루온, 광자, W-보존, Z-보존, 중력자 등), 보손들의 교환 결과로 해석할 수 있다.

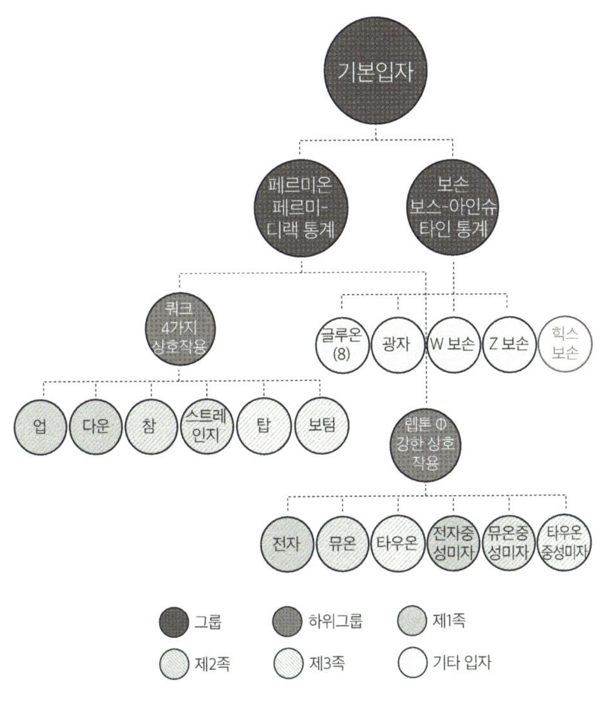

인체를 구성하는 세포들

인체는 200종에 가까운 세포로 이뤄져 있다. 세포 대부분이 인체 조직의 핵심 성분을 구성하는 특화된 기능을 한다. 예컨대 피부세포, 근육세포, 뉴런(신경세포), 생식세포(성세포), 혈액세포, 섬유아세포(결합조직세포) 등과 소수에 불과하지만 줄기세포(미분화 세포)로 이뤄진

세포들도 있다. 줄기세포는 끊임없이 재생하며, 적절한 조건이 갖춰지면 다양한 형태의 세포로 분화하는 능력을 지녔다. 성숙기에 이른 '성체 줄기세포'는 장기나 조직 등 특정 기관의 세포로 분화하여 장기세포나 혈액세포와 같은 세포가 손상되더라도 끝없이 재생할 수 있게 해준다.

056

속보: 외계 행성의 전모가 밝혀지다

2016년 4월 천문학회의 보고에 따르면 외계 행성이 실제로 발견된 해는 1995년이지만 그 존재를 최초로 알게 된 해는 그보다 78년이나 앞선 1917년인 것으로 밝혀졌다. 런던 소재의 천문학 연구팀이 캘리포니아 카네기 관측소에서 사진 자료를 검토하던 중 오래된 유리건판 필름에서 명백한 단서를 포착했는데, 한 개 이상의 외계 행성들이 백색왜성白色矮星 주위를 돌고 있는 모습이었다. 아마도 거대 천체에 대한 지식이 턱없이 부족한 시절이었던 탓에 사진 속 정보를 해석해내지 못했을 것이다.

아폴로 프로그램

달 탐사 계획인 아폴로 프로그램에 힘입어 1969년부터 1972년까지 12명에 달하는 미국계 우주인이 달에 발자취를 남겼다. 참여한 우주인들은 모두 미국인이었다.

🛰 아폴로 12호
📅 1969년 11월 19, 20일
⏳ 7시간 45분 03초
🚎 2회
👨‍🚀 찰스 콘라드
👨‍🚀 앨런 빈

🛰 아폴로 11호
📅 1969년 7월 21일
⏳ 2시간 31분 40초
🚎 1회
👨‍🚀 닐 암스트롱
👨‍🚀 버즈 올드린

🛰 아폴로 14호
📅 1971년 2월 5, 6일
⏳ 9시간 22분 31초
🚎 2회
👨‍🚀 앨런 세퍼드
👨‍🚀 에드거 미첼

🛰 아폴로 17호
📅 1972년 12월 11, 14일
⏳ 22시간 03분 57초
🚎 3회
👨‍🚀 유진 서넌
👨‍🚀 해리슨 슈미트

🛰 아폴로 16호
📅 1972년 4월 21, 23일
⏳ 20시간 14분 14초
🚎 3회
👨‍🚀 존 W. 영
👨‍🚀 찰스 듀크 주니어

🛰 아폴로 15호
📅 1971년 7월 31일
⏳ 18시간 34분 46초
🚎 3회
👨‍🚀 데이비드 스코트
👨‍🚀 제임스 어윈

🛰 우주선
📅 우주유영 일자
⏳ 우주유영 시간
🚎 우주선 밖으로 나간 횟수
👨‍🚀 우주인 명단

세포자살

　세포자살(아포토시스apoptosis)은 세포가 죽는 한 요인이다. 우리 몸은 태어나면서부터 끊임없이 재생하고 있다. 시시각각 죽었다 되살아나고 있는 것이다. 날마다 수십억 개에 달하는 세포들이 우리 몸 속에서 자멸했다가 재생한다. 살아 있는 사람들은 이처럼 불안정한 토대에서 생명의 원동력을 얻고 있다. 다시 말해, 끊임없는 죽음을 되풀이하는 가운데 생체의 균형을 유지하고 최적화된 상태로 환경에 적응한다.

　프랑스 생물학자 장 클로드 아마이센Jean Claude Ameisen은 세포의 자살이 마치 인체가 하나의 조각품처럼 만들어지는 과정과도 같다고 역설한다. 무슨 뜻인지 이해하려면 세포 성장의 첫 단계, 즉 '성체 줄기세포'가 되기 전인 '배아 줄기세포'의 단계에서 어떤 일이 일어나는지 살펴봐야 한다. 이 단계에서는 세포에 프로그래밍된 대로 파괴가 진행되어, 인체의 성장 과정에서 빚어지는 혼란을 막고 태아가 올바른 형태로 자랄 수 있게 해준다. 태아의 손과 발은 처음에는 손가락, 발가락이 분리되지 않고 벙어리장갑처럼 하나로 연결되어 있다. 그러다 세포가 죽으면서 결합조직이 제거되어 손가락과 발가락이 생긴다. 초기에 발현된 생식기관(1차 성징)이 사라지고 남녀 고유의 '성 정체성(2차 성징)'이 형성되는 것도 바로 세포의 죽음을 통해서다.

좀 더 엄밀히 말해서 우리 몸은 세포의 죽음과 세포의 보전 사이의 균형을 지속적으로 유지하고 있다. 이렇듯 세포의 '사형집행 인자'를 만들어냄과 동시에, 필요할 경우 사형집행을 억제하는 '보호 인자'를 만들어내는 것이 바로 인체의 유전자들이다. 둘 사이의 균형이 깨어지면 각종 질병이 발생한다. 예를 들어 파킨슨병, 알츠하이머병, 헌팅턴병, 뇌졸중 등은 세포들이 아무런 통제 없이 마구 자살해버리는 전형적인 세포자살 기능장애로 볼 수 있다. 간염의 경우도 그렇다. 알코올 성분이 간세포를 직접적으로 파괴해서가 아니라, 대대적이고 급속하게 간세포들의 자살을 유도해서 간염에 걸린다. 반면, 암과 같은 질병은 때맞춰 요절하는 능력을 잃어버린 세포들이 급격히 증식하는 탓에 생긴다.

생물의 다양성에 대한 통계

동식물 종이 20분에 한 개꼴로 사라지고 있다. 매년 2만 6,280종이 멸종하는 셈이다. 21세기 중엽에 이르면 전체 종의 4분의 1 가까이 소멸할 전망이다.

모유 수유

2016년 세계보건기구의 연구에 따르면, 생후 6개월 동안의 모유 수유가 매년 80만 명의 어린이를 구한다는 연구 결과를 내놓았다. 이 연구 결과는 개발도상국에만 해당하는 것이 아니라는 점을 강조하면서, 전 세계에서 모유 수유가 불충분해 영아 사망이 속출한다고 덧붙였다. 선진국의 경우 모유 수유가 영아 돌연사의 확률을 36% 줄이는데다, 소장결장염의 발병률도 58%나 떨어뜨리는 것으로 밝혀졌다. 소장결장염은 장 점막조직을 탈락시키는 증세로 주로 조산아들에게 나타나고, 사망으로 이어지기도 하는 질병이다.

연구로 확증되지는 않았지만, 모유는 과체중과 비만을 비롯해 심지어 당뇨병에도 예방 효과가 있다. 마지막으로 모유 수유가 일반화되면 막대한 국가 예산을 절약할 수 있다. 세계보건기구는 모유 수유가 영아 질병을 감소시켜 미국 보건 당국의 연간 지출액을 24억 달러나 경감해줄 것으로 내다봤다.

우유 마시기

인간은 어미젖을 뗀 후에도 계속 우유를 마시는 유일한 포유류다.

2억 4천만 살

현재까지 발견된 파리의 화석 가운데 가장 오래된 화석 나이다. 그 옛날 어느 날 공룡한테 밟혀 죽었던 파리는 아니었을까?

인류세에 오신 것을 환영합니다

우리 별 지구가 1950년대를 기점으로 새로운 지질시대에 들어간 것이 사실로 받아들여지고 있다. 이 지질시대를 '인류세人類世, Anthropocene'로 부르며, 이는 '인간'과 '최근'이라는 뜻의 그리스어로 만들어진 신조어다. 어원만 봐도 지구 역사에 막대한 변화를 일으킨 장본인이 누구인지 충분히 이해할 수 있다. 이 개념을 정립한 네덜란드 기상학자 폴 크뤼천Paul Crutzen(1995년 노벨화학상 수상)은 인류의 행위가 지구 생태계에 지배적인 영향을 미치는 시대임을 강조했다. 그러니까 우리는 11만 년 전부터 1만 년 전까지 10만 년간 지속된 '최후 빙기'를 거쳐, 지질시대 최후의 시대인 '충적세沖積世'를 지나 새로이 도래한 지질시대에 있다. 이와 관련해 2015년 초 발표된 어느 보고서에는 인류세가 충격적인 결말로 치달을 것이며 "60여 년 후 인류는 지질시대를 뒤바꾸는 막강한 영향력을 행사할 것"이라고 되어 있다. 인류 역사를 짚어보면, 300만 년 전 지구에 터를 잡고, 19세기에 들어와 산업 분야의 업적을 차곡차곡 쌓다가, 갑자기 1950년부터 지구상에 각종 이변이 속출하는 것이 관찰된다. 온실가스 배출, 기후 상승, 해양 산성화, 열대밀림 파괴, 생물다양성의 소멸, 자연 토지의 인공화 등이 그것이다.

이러한 문제들을 해결하기 위해 경제협력개발기구^{OECD}의 회원국들, 다시 말해 선진국들이 엄청난 예산을 들여 부담하는 실정이다. 1945년 7월 16일 미국 뉴멕시코주 사막에서 역대 최초의 원자폭탄이 폭발한 사건을 인류세의 발단으로 봐야 한다고 주장하는 이들도 있다. 역사상 처음으로 인류가 지구에 방사성 물질을 뿌린 날이다.

4,800kg에 달하는 모래가 지구 곳곳의 해변에서 채취되고 있다. 대부분 철근 콘크리트 제조를 위해서다. 보통 크기 집 한 채를 짓는 데 200톤의 모래가 필요하며, 도로 1km를 건설하는 데는 최소 3만 톤의 모래가 투입된다. 바닷가 모래(사막 모래는 건설용에 부적합)는 공기와 물 다음으로 많이 사용되고 심지어 석유보다 많이 사용되는 천연자원으로, 연간 700억 달러 규모의 시장을 형성하고 있다. 그 결과 해안에서 점점 모래가 사라졌고, 이제 지구 차원의 문제로 대두되었다. 전 세계 해변의 75%를 비롯해 섬이란 섬에서 모두 모래 채취가 이뤄졌다.

인간의 뇌

평균 질량 : 1.5kg

평균 부피 : 1,130cm³

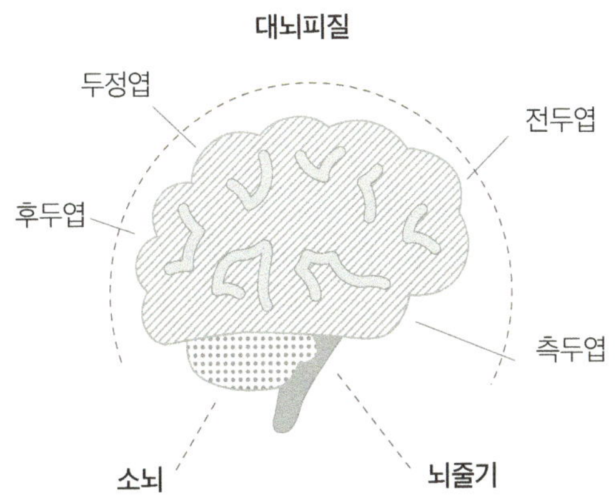

　뇌는 두꺼운 신경조직 층인 대뇌피질로 덮여 있으며 후두엽, 두정엽, 전두엽, 측두엽의 네 영역으로 나뉜다. 각 영역은 여러 가지 고유한 기능을 수행한다. 뇌의 안쪽 한구석 귀 바로 위쪽에는 감정을 조절하는 대뇌변연계大腦邊緣系가 들어 있다. 뇌의 뒷부분 아래쪽에는 근육에서 보내오는 신호를 받아 인체의 운동을 조절하는 소뇌를 비롯해, 뇌와 척수脊髓를 이어주고 생체활성 기능을 조절하는 뇌줄기가 자리하고 있다.

뇌의 영역별 기능

대뇌피질			
후두엽	두정엽	전두엽	측두엽
-시각적 인지(망막을 통해 들어온 신호를 처리함) -색깔 식별 -거리 인식 -움직임 감지	-감각(시각·촉각·청각) 정보의 해석 -공간 인식, 방향 -신체 부위별 위치 인식 -통증 신호 생성 -시간 인지 -시각적 대상에 대한 주의집중 -얼굴 인식	-운동기능(좌측 전두엽은 오른쪽을, 우측 전두엽은 왼쪽을 주관) -이성적 사유, 비판력 -주의 집중 -계획 -의사 결정 -판단 -충동 조절 -습관과 동작을 기억함 -자의식 및 '인격' -감정, 공감력 -언어 능력	-청각적 인지 -언어 이해 -리듬감 -기억 작용, 학습 능력 -일부 시각 정보의 처리 -사물 식별, 범주화 -일부 감정

소뇌
-운동기능 조절 -몸의 평형 유지 -운동기억 -근긴장(중력에 저항하기 위해 근육의 긴장 상태를 유지함)

- 뇌는 체중의 2%에 불과하지만 심장에서 1분당 뿜어내는 혈액의 15%를 받아들이고 체내 산소의 20%를 소모한다.

- 뇌는 인체 에너지의 최대 25%를 포도당의 형태로 사용한다. 에너지를 가장 왕성하게 소비하는 인체 기관이다.

- 뇌에는 자그마치 16만km에 이르는 긴 혈관이 들어 있다 .

- 뇌는 75%의 수분으로 이뤄져 있다.

- 뇌에는 1천억 개에 달하는 뉴런(신경세포)이 들어 있다. 그중 절반이 뇌 전체 면적의 10%밖에 안 되는 소뇌 속에 있다.

- 뇌에는 고통을 감지하는 감각수용기가 없다. 뇌는 고통을 느끼지 않는 유일한 기관이다.

- 뇌는 산소 없이 4~6분을 견딜 수 있으며, 그 후에는 뇌세포들이 죽기 시작한다.

- 사람의 뇌 구조는 여느 포유류의 뇌 구조와 비슷하지만, 몸 전체에서 뇌가 차지하는 비율로 따지면 가장 크다.

- 사람의 뇌가 '우월한' 까닭은 전체 크기의 대부분이 출생 이후에 발달하기 때문이다. 대다수 포유류가 다 자란 뇌의 90% 크기에 달하는 뇌를 갖고 태어나는 데 비해, 사람은 성인 뇌의 28%밖에 안 되는 뇌를 갖고 태어난다.

지구에 존재하는 곤충은 모두 몇 마리나 될까?

정확한 수치로 답하기도, 오차 범위를 줄여 근사치를 내기도 매우 어렵다. 지구에 존재하는 곤충의 종류가 모두 몇 가지나 되는지조차도 알 길이 막막하기 때문이다. 지금까지 대략 100만 종이 확인됐지만, 600만, 1천만, 아니 그보다 더 많은 종이 있을지도 모른다. 과학자들은 현재 100경(10^{18})에서 1000경(10^{19}) 마리에 달하는 곤충이 지구에 서식하고 있다고 추정한다. 그러니까 한 사람당 14억 마리 이상의 곤충이 함께 사는 셈이다.

조사한 바에 따르면 전체 곤충의 40%가 초시류(거미, 무당벌레 등)라고 한다. 하지만 개체 수가 가장 많은 종은 역시 개미다. 지구에 사는 개미들의 무게를 다 합치면 '동식물 총량'의 15~20%를 차지하는데, 인류 전체의 무게를 합친 것보다 많았으면 많았지 덜 하지는 않을 것이다.

066

공룡

'무시무시한deinos 파충류sauros'라는 어원을 둔 공룡dinosaur은 무려 1억 6천만 년 동안 지구를 지배했다. 우리 인류인 호모사피엔스

종은 20만 년 전 지구에 첫걸음을 내디뎠고, 공룡은 2억 4500만 년 전 중생대에 나타나 6500만 년 전에 사라졌다. 지질시대의 초기에는 육지가 초대륙의 형태인 판게아로 뭉쳐져 있어, 공룡들은 전 세계를 발 빠르게 평정할 수 있었다.

2006년 연구에 따르면, 지금까지 명확히 밝혀진 공룡의 종류는 총 527종이며 아직 분류되지 않은 종이 1,844종 더 있다고 한다. 공룡은 육식과 초식, 두 발과 네 발 등 오늘날의 포유류만큼이나 그 특징이 다양했다. 공룡이 처음 출현했을 때는 코끼리 정도 크기의 마스토돈Mastodons에도 못 미치는 크기였다가, 수백만 년이 지나면서 우리가 익히 아는 그 거대한 위용을 드러냈다. 지금까지 발굴된 공룡 가운데 가장 큰 것은 기라파티탄Giraffatitan으로도 알려진 브라키오사우루스 브란카이Brachiosaurus Brancai로, 키 12m, 길이 22.5m, 무게 30~60톤을 자랑한다. 참고로 현존하는 가장 큰 동물로 꼽히는 아프리카코끼리의 무게가 평균 7.7톤이다. 브라키오사우루스 브란카이는 디플로도쿠스diplodocus처럼 온화한 성격의 초식공룡으로 주로 은행잎을 뜯어먹고 살았다. 원래 육식동물은 속도를 내서 달려야 하기에 몸집이 상대적으로 작은 것이 정상이다. 육식공룡 중에 가장 유명한 티라노사우르스는 몸길이가 12m이며 몸에서 가장 높은 부위인 엉덩이 관절부가 가로로 4m나 된다. 이빨은 길이가 20cm에 달하며 상어의 이빨처럼 생존 내내 꾸준히 새것으로 교체된다.

공룡은 대부분이 초식을 했다. 공룡의 이빨을 비롯해 배설물 화석을 분석해보면 식성을 알 수 있다. 그런데 중생대 백악기까지는 지

구에 풀이 없었다. 그래서 이구아노돈Iguanodon은 침엽수 등의 나무
와 고사리를 먹고 살았다. 요컨대 공룡 중에서도 후기에 출현한 공
룡들만이 풀을 먹고 살았던 것으로 추측된다.

음핵

음핵clitoris은 인체에서 유일하게 쾌감을 느끼기 위해 존재하는 기
관으로, '실질적으로' 하는 일은 하나도 없다. 음핵에는 무려 8천 개
에 이르는 신경말단이 분포하는데, 이는 신체 어느 부위보다 훨씬
많고 심지어 음경의 귀두보다도 많은 양이다. 음핵은 음경과 달리
해부학 연구에서 오랫동안 소홀히 취급되어 왔으며, 음핵의 해부학
적 구조도 1998년에 이르러서야 파악되었다. 오스트레일리아 출신
의 비뇨기과 전문의 헬렌 오코넬Helen O'Connell의 연구 덕분이었다.
남성과 여성의 생식기관은 모태의 임신 초기에는 같은 형태를 띠며,
임신 10주차까지 분간이 안 된다. 생식기관을 이루던 돌기가 점점
커지면서 남자 태아에서는 음경이 되고 여자 태아에서는 음핵으로
자리 잡는다. 이렇듯 음핵은 음경과 같은 조직에서 출발해 형성된
기관이어서 탄력성이 매우 뛰어나다.

무성생식

모든 동물이 암수로 구별되는 생식기관이 있어야 번식하는 것은 아니다. 번식과 생식기관은 엄연히 다르다. 번식은 생물이 자신의 유전자를 퍼뜨리는 행위로써 모든 생명체가 번식의 욕구를 가지며, 생식기관은 번식을 위해 만들어진 기관일 뿐이다. 동물 종의 90%가 번식의 방편으로 생식기관을 채택하면서 생물에 암수의 양성이 존재하는 것이 보편적 현상으로 굳어졌다.

하지만 단세포 생물은 암수 개체 없이도 번식할 수 있다. 이를 무성생식asexual reproduction이라 하며, 대개 한 세포에서 두 세포가 분열되어 나와 번식한다(유사분열).

어떤 동물 종들은 암컷의 난자가 수컷의 정자와 합체해 수정이 이뤄지지 않아도 암컷 스스로 번식하는데, 이를 단성생식parthenogenesis이라 한다. 진딧물, 꿀벌, 대벌레 등의 곤충을 비롯해 일부 갑각류에서 이런 특징이 나타난다.

단성생식이 편리하다는 장점이 있지만 번식된 자손이 다양하지 않다는 단점이 있다. 2세에 오로지 수컷만 태어나거나(개미집에 수개미만 있는 이유), 대부분의 경우 암컷만 나온다. 단성생식의 특징을 극명히 보여주는 것으로 파충류의 일종인 채찍꼬리도마뱀New Mexico whiptail이 있다. 이들은 암컷밖에 없어서 암컷끼리 일종의 동성애를 해서 번식한다. 번식기가 되면 한쪽 암컷이 수컷 흉내를 내어 다른 암컷과 짝짓기를 하고 난자가 수정 과정 없이 바로 배아로 발생한다.

성기능장애

지속성 성기흥분장애(PGAD, Persistent Genital Arousal Disorder)

2001년 미국 성의학자들이 최초로 규정한 장애로, 여성에게만 발생한다. 성적 욕구나 자극이 없는데도 성기가 흥분하여 고통을 호소하는 장애로, 증상이 오래 지속될 경우 스트레스와 무기력증의 원인이 된다.

성불감증(anorgasmia)

성행위 시 오르가슴에 도달하지 못하는 증상으로서, 성의학자들의 상담 건수 1위를 차지한다. 신체적 요인에서 비롯되기도 하지만 대부분 심리적 요인이 더 크게 작용한다.

섹스솜니아(sexsomnia, 수면섹스장애)

2003년 최초로 명명된 증상으로 남녀 공통으로 나타난다. 몽유병의 일종으로 수면 중 무의식 상태에서 의도치 않게 성행위를 하는 것을 말한다.

불멸의 해파리

투리토프시스 누트리쿨라Turritopsis nutricula는 매력적인 능력을 지닌 아주 작은 해파리로, 영원히 죽지 않는 유일한 생물로 알려져 있다. 몸이 원통형이고 입에 촉수가 달린 폴립 형태(산호나 말미잘 같은 강장동물)로 태어나 해저에 붙어 지낸 후 해파리로 탈바꿈해 촉수를 뻗쳐 바닷속을 떠다니다가, 생의 주기를 다시 시작해 폴립이 되었다 해파리로 변모하는 과정을 끝없이 반복한다. 과학자들은 1988년부터 이 해파리를 연구해왔으나 영원한 청춘의 비밀을 완벽히 파악하지는 못했다. 아마도 일종의 자기복제를 통해 세포를 초기 상태로 되돌리는 듯하다. 앞으로 인류는 이 해파리를 통해 영원불멸의 비결을 발견할 수 있을 것으로 예측된다.

광합성

광합성이란 이산화탄소와 물을 원료로 하고 햇빛을 이용하여, 공기 중에 산소(생명 유지의 필수 요소)를 방출하고, 유기 양분(에너지의 원천인 포도당)을 만들어내는 과정이다. 식물이 광합성을 시작하기에 앞서, 지금으로부터 27~38억 년 전 모든 생물을 통틀어 단세포 생

물인 세균들이 처음으로 광합성을 했다. 세균들은 자외선으로부터
자신을 보호하기 위해 물속에 살았다고 한다.

학문 분류 1

- **생물학 : 생물을 연구하는 학문**
  - **동물학 : 동물을 연구하는 학문**
    - 포유동물학(또는 동물박물학) : 포유동물을 연구하는 학문
      - 영장류학 : 영장류를 연구하는 학문
      - 설치류학 : 설치동물과 토끼를 연구하는 학문
      - 마학 : 말을 연구하는 학문
      - 야생동물학 : 야생동물을 연구하는 학문
      - 박쥐학 : 박쥐를 연구하는 학문
      - 고래학 : 고래류를 연구하는 학문
        - 돌고래학 : 돌고래를 연구하는 학문
        - 고래학 : 고래를 연구하는 학문
    - 조류학 : 새를 연구하는 학문
    - 어류학 : 물고기를 연구하는 학문
    - 수족관생물학 : 수족관의 동물상·식물상을 연구하는 학문
    - 농장 동물학 : 농장 동물을 연구하는 학문

- 파충류학 : 파충류와 양서류를 연구하는 학문

  - 사류학 : 뱀을 연구하는 학문

- 곤충학 : 곤충을 연구하는 학문

  - 파리학 : 파리와 모기를 연구하는 학문

  - 나비학 : 나비를 연구하는 학문

  - 딱정벌레학 : 딱정벌레, 풍뎅이, 무당벌레를 연구하는 학문

    - 막시류학 : 막시류를 연구하는 학문

      - 개미학 : 개미를 연구하는 학문

      - 벌학 : 벌을 연구하는 학문

  - 메뚜기학 : 메뚜기를 연구하는 학문

  - 잠자리학 : 잠자리를 연구하는 학문

- 거미학 : 거미를 연구하는 학문

  - 진드기학 : 진드기를 연구하는 학문

  - 거미학 : 거미를 연구하는 학문

  - 전갈학 : 전갈을 연구하는 학문

- 다지류학 : 다지류*를 연구하는 학문

- 갑각류학 : 갑각류를 연구하는 학문

- 연체동물학 : 연체동물을 연구하는 학문

  - 패류학 : 조개류를 연구하는 학문

  - 두족류학 : 두족류(頭足類, 오징어 · 문어 · 낙지 등)를 연구하는 학문

- 지렁이학 : 지렁이를 연구하는 학문

- 기생충학 : 기생충을 연구하는 학문

    - 연충학 : 장내 기생충을 연구하는 학문

- 원생동물학 : 원생동물**을 연구하는 학문

- 조란학 : 조류의 알을 연구하는 학문

- 동물행동학 : 동물의 행동을 연구하는 학문

    - 사회생물학 : 동물의 사회적 행동을 연구하는 학문

- 동물전염병학 : 동물의 전염병을 연구하는 학문

- 인간동물학 : 인간과 동물의 상호관계를 연구하는 학문

- 동물고고학 : 선사시대 동물을 연구하는 학문

- 신비동물학 : 전설의 동물을 연구하는 학문(히말라야 산맥에 산다고 전해지는 미지의 동물 예티Yeti, 영국 네스 호에 산다는 괴물 등)

*절지동물 중 다리가 많은 종류 — 옮긴이

**아메바 등의 단세포 동물 — 옮긴이

DNA

디옥시리보 핵산 Deoxyribonucleic acid

미생물 박물관

사자, 원숭이, 기린 등을 망라한 동물원이 아니라, 오로지 바이러스, 균류, 세균 등의 미생물만을 집결해둔 박물관이 2014년 네덜란드 암스테르담에 문을 열었다. 무릇 '생물의 다양성'이 눈으로 볼 수 있는 생물뿐 아니라, 인류의 생존에 꼭 필요한 미생물에 이르기까지 광범위하다는 점을 시사하고 있다. 아울러 머지않은 미래에는 항생제 제조뿐 아니라, 전기 생산, 고강도 건물 시공, 암 퇴치에 이르기까지 미생물의 이용 범위가 확대될 전망이다. '미크로피아Micropia'라는 이 미생물 박물관을 방문하면 거대한 현미경을 통해 에볼라 바이러스나 평생 우리 발에 붙어사는 균류 등을 관찰할 수 있다. 심지어는 입맞춤할 때 얼마나 많은 세균이 오가는지 측정해주는 '키스 오미터Kiss-o-Meter' 앞에서 실제로 키스를 해보는 것도 가능하다.

그래도 지구는 돈다

지구가 둥글다는 사실을 발견한 것은 15세기의 크리스토프 콜럼버스도 16세기의 갈릴레이도 아니다. 일찍이 고대인들도 이 사실을 알고 있었다. 그럼 대체 누가 지구가 편평하다고 생각했을까? 지구가 우주의 중심이 아님을 깨달은 것은 언제였을까? 고대 바빌론 사람들을 시작으로 지구에 대한 이해가 어떻게 변해왔는지, 연대순으로 간략히 살펴보자.

메소포타미아 지역

인류가 최초로 지구와 우주에 대한 설명을 시도한 것이 기원전 8세기였다는 설이 있다. 당시 사람들은 지구의 중심이 바빌로니아의 수도 '바빌론'이며, 오늘날 페르시아 만에 해당하는 둥근 강이 지구를 둘러싸고 있다고 생각했다. 그 너머에 '태양이 보이지 않는 곳'(즉 북쪽)은 불가사의한 지역으로 여겼다.

헤시오도스(기원전 8~7세기)

이 시기의 그리스인들은 우주에 얽힌 수수께끼를 푸는 데 관심을 보이기 시작했다. 알고 있는 영토에 한해 지도를 제작하는 한편, 발을 내딛고 사는 이 세계가 어떤 섭리로 이뤄졌는지 상상했다. 신화적 관점에서 지구를 설명했으며, 가이아라는 대지의 여신이 우주의 하부를 관장하고 우주의 근간을 소유하고 있다고 여겼다.

탈레스(기원전 7~6세기)

역사상 처음으로, 지구를 물 위에 떠 있는 원반이라고 생각했으며, 물의 움직임 때문에 지진이 일어난다고 설명했다. 지구는 돔 모양의 산 위에 있으며, 우주의 다른 행성들 또한 지구처럼 원반 형태로 이산 위에 있다. 별은 하늘 천장에 뚫린 구멍이라고 생각했다.

아낙시만드로스(기원전 7~6세기)

지구가 물 위에 있다면, 물은 어디에 기반을 두고 있을까? 탈레스의 후계자인 아낙시만드로스는 자신만의 독창적인 우주론을 제시하여, 지구가 무한한 우주의 중심에 원통의 형태로 떠 있다고 설명했다. 원통 윗부분의 평평한 곳에 사람이 사는 세계가 있고, 그 주위를 태양이 둘러싸고 있다고 한다. 지구는 우주의 정중앙에 위치하여 이리저리 움직일 필요가 없는 상태로 존재한다고 했다. '곡률曲率'의 개념을 최초로 이해한 셈이었다.

아리스토텔레스(기원전 4세기)

기원전 5세기 무렵 피타고라스학파가 지구가 둥글다는 '지구구형설地球球形說'을 처음 주장했으며, 그 후 아리스토텔레스가 《천체에 관하여De caelo, On the Heavens》에서 이를 뒷받침하는 근거를 제시했다. 월식 기간에 달 표면에 비친 지구의 그림자가 항상 둥글다는 사실이 지구구형설의 단적인 증거였다. 북쪽에서 남쪽으로 이동할 때 그림자 모양이 달라지는 것도 바로 지구가 둥글기 때문이다. 배가 저 멀리 수평선으로 다가갈 때 시야에서 뱃머리가 먼저 사라진 후에 돛이 사라진다는 점을 증거로 든 고대인들도 있었다. 아리스토텔레스는 지구가 우주의 중심에 있고 물과 공기와 불로 둘러싸여 있으며, 바로 이 불에서 별들이 생겨났다고 주장했다.

헤라클레이토스(기원전 4세기)

아리스토텔레스의 제자인 헤라클레이토스는 지구가 24시간을 주기로 자전한다는 '지구자전설'을 최초로 주장했다.

에라토스테네스(기원전 3세기)

그리스 수학자 에라토스테네스는 지구 둘레의 길이를 처음으로 측정했다. 순전히 기하학적인 방식으로 계산해서 39,350km라는 값을 얻었는데, 실제 둘레(40,075km)에 근사하게 들어맞는 셈이다. 그럼에도 또 다른 그리스 철학자인 포세이도니오스(기원전 2~1세기)가 계산한 잘못된 값이 르네상스 시대까지 가장 신빙성 있게 받아들여졌다. 포세이도니오스는 지구의 둘레가 3만km를 넘지 않는다고 측정했다. 콜럼버스가 아시아를 찾아 서쪽 항해를 결심한 데는 분명 이 영향이 컸을 것이다. 포세이도니오스의 계산법에 따르면 유럽 끝에서 인도까지 1만km밖에 되지 않기 때문이었다.

기원후 초기와 중세

기독교는 수 세기 동안 천문학 연구에 혼란을 초래했다. 구약 및 신약 성서를 보면 지구가 평평하고 '기둥'에 의해 지탱되며 견고한 돔 모양의 창공에 놓여 있다고 되어 있다. 이 시대는 신학자들이 곧 학자였으며, 이들의 성경 해석에 따라 지구가 평평한 원반형이라는 견해가 다시금 설득력을 얻었다. 그중 가장 유명했던 카이칠리우스 락탄티우스(3~4세기)라는 신학자는 "물체가 완전히 허공에 매달려 있는 곳이 있다고 믿다니, 당치도 않다"고 주장했다. 하지만 사실상 대부분의 기독교계 천문학자들은 지구구형설을 계속 인정하는 추세였다. 프랑스 신학자 고쉬앙 드 메츠(13세기)는 지구를 실 뭉치에 비유하기도 했다. 기독교 사상 전반으로 볼 때, 전지전능한 하나님이 특별히 선택하여 창조한 우리 지구가 우주의 중심이 아니라는 생각은 좀처럼 받아들여지지 않았다.

코페르니쿠스(1474~1543)

폴란드 천문학자 코페르니쿠스는 지구가 자전하면서 태양의 주위를 돈다는 '지동설'을 제창했다. 다음은 코페르니쿠스가 이끌어낸 결론이다.

- 지구는 우주의 중심이 아니라 지구-달 체계의 중심일 뿐이다.
- 항성을 포함한 모든 구형의 천체는 우주의 중심인 태양의 주위를 회전한다.
- 지구는 남극과 북극을 직선으로 연결한 자전축을 중심으로 스스로 회전한다.
- 지구-태양의 거리는 태양과 다른 별들과의 거리보다 가깝다.

흥미롭게도 코페르니쿠스의 주장이 발표될 당시 반론을 제기한 사람이 거의 없었다. 지구와 우주에 관한 개략적인 설명보다는 사람들이 아주 유익하게 활용할 수 있는 정확한 추정 결과를 제시해야 한다는 사명감을 띠고, 신중하게 연구에 임한 덕분이었다. 종교개혁을 주도한 독일 성직자 마르틴 루터는 코페르니쿠스의 주장을 무시했지만, 교황 그레고리 13세는 그에 입각해 그레고리력(오늘날 사용되는 태양력 — 옮긴이)을 창시했다.

케플러(1571~1630)

독일 천문학자 케플러는 행성들이 일정한 주기로 원을 그리며 회전운동을 한다는 코페르니쿠스의 지동설을 한층 발전시켜, 행성들이 태양을 중심으로 도는 것은 맞지만 그 궤도가 타원형이라고 주장했다.

갈릴레이(1564~1642)

이탈리아 태생의 천문학자이자 물리학자인 갈릴레이는 지동설을 주장해 종교 재판을 받았다. 지구가 우주의 중심이라는 성서의 말씀을 모독했다는 죄목이었다. 코페르니쿠스의 지동설보다 1세기 후에 제기한 것이지만 결국 같은 이론이었다. 완벽한 망원경을 제작해 고도로 정밀하게 관측한 결과, 코페르니쿠스와 케플러의 이론이 유효함을 밝힌 것이었다. 갈릴레이는 1633년 유죄 판결을 받고 가택연금 상태로 지내다 생을 마감했다.

뉴턴(1643~1727)

영국 물리학자 뉴턴은 앞선 세대 학자들의 가설을 명쾌하게 설명해주는 만유인력의 법칙을 발견했다. 그리하여 우리 몸이 지표면에서 떨어지지 않고 붙어 있는 이유, 달이 지구 주위를 도는 이유, 행성들이 태양 주위를 도는 이유를 설명할 수 있게 되었다. 그 후에도 많은 천문학자가 계속해서 만유인력 법칙을 명백한 사실로 증명해나 갔다. 지구가 평평하지 않고 둥근 공 모양이며, 적도지방은 볼록하고 극지방은 납작하다고 지구의 형태를 더욱 정확히 이해한 것도 다 뉴턴 덕분이다.

에드윈 허블(1889~1953)

20세기에 들어와서야 태양이 우리 행성계의 중심일 뿐 우주의 중심은 아니라는 사실이 명확히 인지되었다. 미국 천체물리학자 에드윈 허블이 주장한 '빅뱅 이론' 덕분에 우주의 중심에 대한 그릇된 인식을 올바로 깨우친 것이다. 태양은 우리은하에서 작은 점에 지나지 않으며, 우리은하 또한 우주에 속한 수많은 은하계 가운데 하나일 뿐이다.

076

진화의 연대기

도표(p.107 참조)는 우주가 최초로 생성된 빅뱅(우주 대폭발)부터 오늘날에 이르기까지 지구상의 생물체가 진화한 역사를 보여준다. 막대에 표시된 연대에서 알 수 있듯이 시간이 갈수록 진화의 속도가 점점 더 빨라지고 있어 시기별 진화 내용을 확대해서 살펴볼 필요가 있다.

따라서 각 막대의 오른쪽 끝부분에 해당하는 시기를 확대해 보여주는 식으로 전개되었다. 막대를 쭉 따라가 보면 최초의 인류가 출현한 것은 지금으로부터 약 20만 년 전의 일이었다. 인류 역사가 우주 전체의 역사에서 차지하는 비율이 0.0013%에 지나지 않는다는 얘기다.

20만 년 가운데 19만 4천 년의 기간을 '선사시대'라고 한다. 선사시대의 인류는 무리를 지어 이동하며 살았으며 채집·수렵·어로에 의존해 먹을거리를 마련했다. 죽음에 대해 인지하고, 언어를 사용했으며, 조각을 해서 공예품을 만들고, 바위에 그림을 그려 예술적 표현을 했다.

선사시대가 끝나기 전 1만 년의 기간은 중동(유럽 관점의 근동 ― 옮긴이) 지역을 비롯한 인도, 중국을 중심으로 인류사에 큰 획을 그은 중대한 변화가 일어난 시기다. 농경이 발달하고 그 결과 정착생활이 시작되었으며, 이를 계기로 촌락이 형성되고 도시가 등장했다. 선사시대는 좀 더 정확히 말해 6천 년 전에 끝났으며 이즈음 문자가 나타났을 것으로 추정된다. 이 무렵부터 인류의 운명은 생물학적 진화가 아닌 사고思考와 문화에 의해 결정되었다. 바야흐로 역사시대로 진입하였다.

빅뱅, 미립자, 원자, 은하계
거대 행성
항성과 행성
태양 생성
지구 생성
세포, DNA
세포핵
다세포 생물
동물(원시 연체동물, 환형동물), 조개류, 식물, 육생동물
수십억 년
6,6%
-10 -4.6 -3.5 -2.2 -1.3 -0.7
유성생식
미토콘드리아
동물(원시 연체동물, 환형동물)
조개류
식물
육생동물
공룡
최초의 포유류
꽃나무, 영장류, 공룡 절멸
10%
-1000 -800 -700 -600 -500 -400 -300 -200 -100 -10
수백만 년
공룡의 전성기
공룡 절멸
포유류 확산
오스트랄로피테쿠스의 도구 사용, 호모에렉투스의 불 사용
-100 -70 -65 -50 -4 -2 0
수백만 년
0.2%
현생인류 호모사피엔스
네안데르탈인
호모사피엔스의 아프리카·아시아 분포
호모사피엔스의 유럽 진출
최초의 구석기시대 '문자'
네안데르탈인 소멸
수메르 문자, 구텐베르크의 인쇄술
-200 -125 -100 -40 -35 0
수천 년
3%
수메르 문자
고대 이집트
이집트 기자의 대피라미드
유대교
불교
고대 그리스
이집트 멸망
기원후 시작
초기 기독교 시대
로마제국 붕괴
-6000 년 -5200 -4800 -3500 -2800 -2000
이슬람교
샤를마뉴 대제
십자군전쟁
구텐베르크의 인쇄술
과학의 시작
산업혁명
원자력 이용
마이크로 프로세서
-1550 년 -535 -480 -200 -55 -25

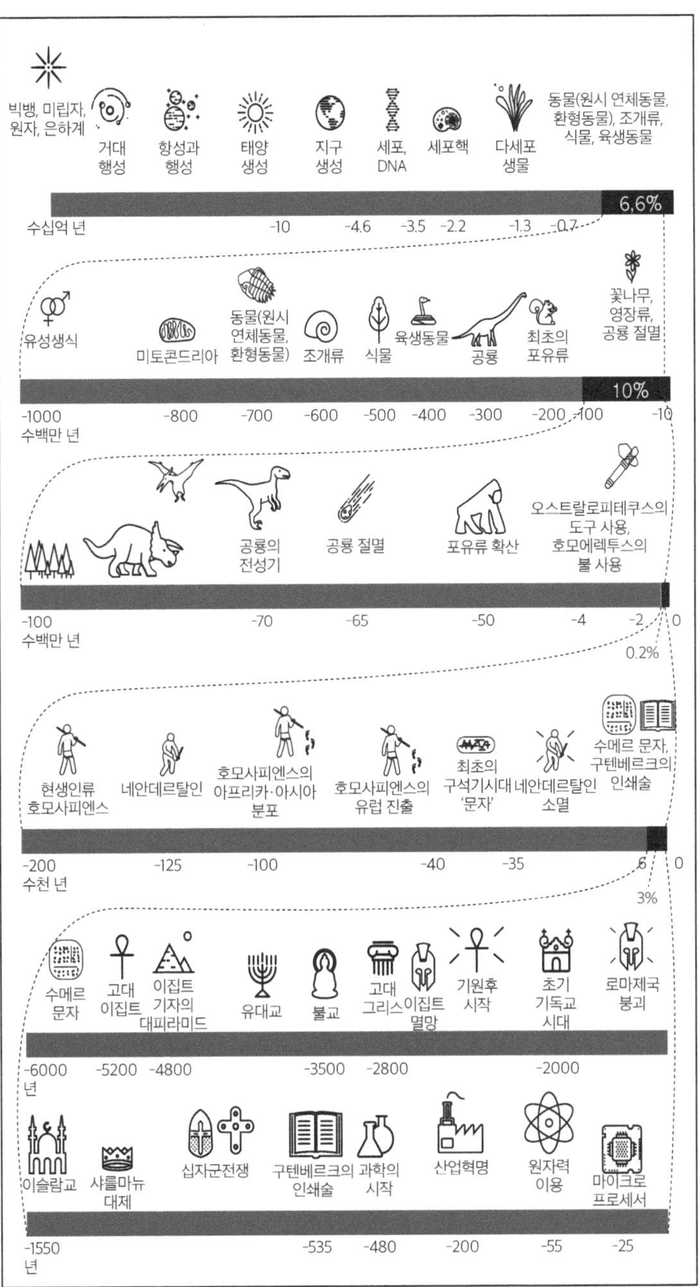

세계에서 가장 정확한 시계

2013년 미국 물리학자들이 공개한 실험 단계의 '원자시계'는 세계에서 가장 정확한 시계로 통한다. 기존의 원자시계와 비교하면 진동자 역할을 하는 원자가 10배나 규칙적으로 진동한다. 전통적인 '쿼츠 회중시계'보다는 무려 100억 배나 정확하다. 이 원자시계는 138억 년의 세월이 흘러야 1초 미만의 오차가 발생하는 것으로 밝혀졌으며, 모든 종류의 시계가 그러하듯 일정한 물리적 현상을 주기적으로 반복해 초 단위를 기준으로 시간을 측정한다.

기계식 시계가 시계추의 움직임을 이용해 돌아간다면, 원자시계는 광원光源에서 지속적으로 전달되는 진동을 받아서 원자시계용 국제기준 성분인 세슘 원자가 진동하는 원리로 움직인다. 획기적 기술을 자랑하는 이테르븀 원자시계의 경우, 절대 영도($-273.15°C$)보다 약간 높은 온도에서 냉각되기에 상온에서 액체 상태로 존재하는 이테르븀 원자 1만 개가 여러 개의 레이저 광선으로 된 광학 격자 속에 극저온 상태로 가둬져 있다. 이와 동시에 또 다른 레이저 광선이 1초에 518조 회씩 진동해 두 가지의 서로 다른 에너지 층위를 만들고 양쪽으로 원자를 전이시킴으로써, 세슘 원자시계보다 월등히 규칙적인 진동을 보장한다.

이처럼 발전된 원자시계 기술은 광범위한 분야에 적용 가능하다. 위성항법장치 GPS의 기능을 향상하고, 중력, 자기장 그리고 온도를 더 정밀히 측정할 수 있다. 시계 초침을 올바르게 맞춰 세계표준시 각을 전보다 정확하게 조정할 수도 있다.

곤충계의 별난 기록

동물계 전체 기록일 경우 ╱가 표기됨.

가장 무거운 곤충 : 세계에서 가장 큰 곤충인 골리앗풍뎅이(최대 115g)

가장 긴 곤충 : 대벌레, 2008년 말레이시아에서 발견(길이 35.6cm, 다리를 쭉 폈을 때의 길이 56.7cm)

역사상 가장 거대한 곤충 : 거대 잠자리 메가네우라(2억5천만 년 전 서식, 길이 43cm, 날개 폭 71cm, 무게 450g)

가장 시끄러운 곤충 : 꼬마물벌레(99.2데시벨)*

가장 빨리 나는 곤충 : 등에(시속 145km)

가장 빨리 날갯짓하는 곤충 : 각다귀(분당 62,760회)╱

가장 빨리 기어가는 곤충 : 참뜰길앞잡이(시속 9km)

가장 빨리 헤엄치는 곤충 : 물맴이(시속 2.88km)

가장 강력한 독을 지닌 곤충 : 붉은수확개미**

가장 오래 사는 곤충 : 비단벌레, 유충에서 성충에 이르기까지(최장

수명 50세)

가장 빨리 번식하는 곤충 : 하루살이(난자가 수정되어 알이 부화되기까지 5분) ↗

가장 짧게 사는 곤충 : 진딧물(4일 17시간)*** ↗

가장 큰 알을 낳는 곤충 : 어리호박벌(길이 16.5mm, 폭 3mm)

가장 빨리 먹이를 무는 곤충 : 집게턱개미(먹이를 물 때 턱이 닫히는 속도 초속 64m, 시속 230km, 눈 깜박거림보다 2,300배 빠름) ↗

몸에 비해 고환의 크기가 가장 큰 곤충 : 귀뚜라미(총 부피의 14%) ↗

* 길이가 2mm밖에 안 되는 꼬마물벌레는 생식기를 복부에 문질러 울음소리를 낸다. 굴착기를 방불케 할 정도로 크고 요란하지만, 소리의 99%가 물에 흡수되므로 그렇게 크게 들리지는 않는다.

** 이론상 10mg의 독으로 80kg의 사람을 죽일 수 있다(단, 쥐를 대상으로 측정한 결과다). 독침을 한 번 쏠 때 0.021mg의 맹독을 주입하므로, 사람을 쓰러뜨리려면 적어도 500번 쏘아야 한다. 열 번 정도면 2kg의 쥐를 충분히 죽일 수 있다.

*** 평균적으로 한 세대의 수명이 난자 수정 후 다음 세대의 성적 성숙기까지다. 감염성을 지닌 하루살이 곤충들이 살충제와 같은 위협 요인에 대한 내성을 신속히 갖출 수 있는 이유는 이처럼 한 세대의 수명이 굉장히 짧아서다.

생물의 계통수

계통수系統樹는 생물들이 어느 정도로 가까운 관계인지, 즉 어떤 유연관계에 있는지를 나무에 비유하여 나타낸 그림이다. 이처럼 생물 종의 내력을 나무의 형태로 설명한 최초의 과학자들 중에 다윈도 있었다. 다음의 도표는 지구에 존재하는 것으로 알려진 생물의 종류를 간략하게 요약한 계통수다.

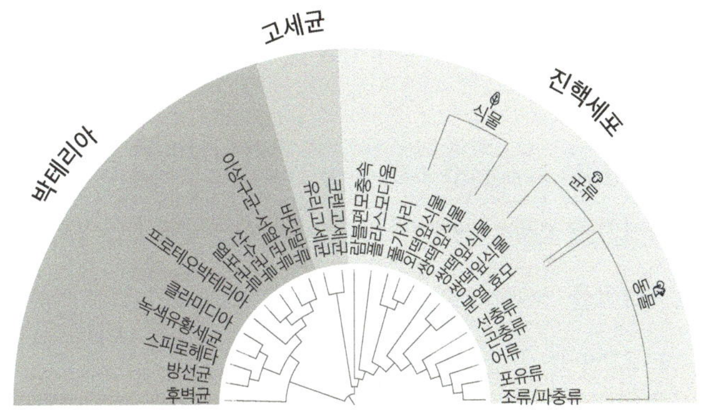

가장 오래된 의족

인류 역사상 가장 오래된 의족이 오스트리아 남부 헴마베르크에서 발견되었다. 왼쪽 발과 발목이 절단된 6세기의 한 남성을 위해 제작된 이 의족은 가죽과 나무로 만들어졌고, 다리에 걸기 위한 철 고리가 장착되어 있다. 연구진은 의족 주인이 상류층이었으며, 당시로서는 상당히 우수한 의료 시술을 받은 것으로 추측했다.

치사량

일상에서 흔히 접하는 식품과 약물의 치사량을 알아보자(70kg 남성 기준).

다크 초콜릿 : 11.60kg(116정)

물 : 8.3L(1.5L 들이 5개 반)

90도 알코올 : 500g(소주잔 30~50ml 기준, 약 240잔)

소금 : 225g(48ts)

분쇄한 커피 : 120g(약 250g 시판용 1팩의 절반)

아스피린 : 11.20g(19알)

니코틴 : 3.70g(담배 520개비)

벌의 독 : 0.5g(벌에 1천 번 쏘이기)

6분간 숨 참기

해발 8,000m에 오르기

190dB의 소음 듣기

응급환자의 의식상태 판정을 위한 지표

1974년 영국 글래스고 대학 신경외과학 교수진 그레이엄 티스데일Graham Teasdale과 브라이언 제닛Bryan Jennet은 두부손상의 등급 판정과 응급처치를 위한 '두부손상 등급표'를 개발했다. 일명 '글래스고 코마 스케일Glasgow Coma Scale'로 불리며, 두부손상 환자의 의식상태를 가늠하는 잣대로 꾸준히 활용되고 있다. 등급표를 보는 법은 이렇다. 3~6등급은 최중증 혼수상태(또는 뇌사), 7~9등급은 중증 혼수상태, 10~14등급은 반혼수상태 또는 경증 혼수상태, 15등급은 양호상태다. 판정 기준 항목은 크게 세 가지로, 눈의 깜박거림, 언어적 반응 그리고 행동적 반응이다. 이 세 가지 항목에 각각 점수를 매겨 환자의 의식과 반응 기능을 점수화하며, 총점을 내면 등급표에서 몇 등급에 해당하는지 알 수 있다.

수화언어

청각 장애가 있는 사람들이 사용하는 수화언어는 세상에 단 한 종류만 있을 것 같지만 실은 그렇지 않다. 서로 유사한 점도 많고 종류도 무척 많다. 음성으로 전달하는 음성언어와 마찬가지로, 수화언어도 각각의 고유한 역사와 어휘, 의미를 지니고 있다. 또한 특정 지역에서 통용되는 수화언어는 그 지역의 음성언어에 대응하는 것이 일반적이지만, 그렇지 않은 경우도 있다. 수화언어의 '에스페란토어'라 할 수 있는 만국 공용의 수화언어도 있다. 세계 각국(주로 유럽)의 수화언어에서 요소요소를 따와 만든 것으로, 청각장애인 국제회의나 '청각장애인 올림픽대회'와 같은 회합의 자리에서 사용된다.

지구온난화

세계보건기구는 2015년 발표한 지구온난화 관련 보고에서, 이상기후로 인해 2030년부터 2050년 사이에 25만여 명이 사망할 것으로 예측했다. 사망 원인을 보면, 3만 8천 명은 노인층의 폭염 노출, 4만 8천 명은 설사, 9만 5천 명은 아동 영양실조였다.

2월 29일

지구의 자전 주기는 1일이다. 그런데 지구가 태양의 둘레를 한 번 도는 시간, 즉 공전 주기인 1년은 일 단위로 딱 떨어지지 않는다. 엄밀히 말해 1년은 365일이 아니라 365.24219일이기 때문이다. 한 해의 날짜 수를 365일로 고정해버리면 실제 날짜 수보다 단축된 것이어서, 몇 십 년 뒤에는 날짜와 계절이 어긋나게 될 것이다. 한 해의 길이를 365일 더하기 6시간(하루의 4분의 1)으로 인지했던 로마인들은 율리우스력(기원전 45년)을 제정할 때 편의를 위해 4년마다 1일을 더했다. 윤일을 율리우스력으로 마지막 달인 2월의 끄트머리, 다시 말해 한 해의 초하룻날인 3월 1일보다 6일 앞선 2월 23일(그레고리력의 2월 28일 — 옮긴이)의 뒷날에 넣었다.

하지만 율리우스력이 완전히 정확하진 않았다. 1년은 정확히 '365일 6시간'보다 27초 정도 모자라기 때문이다. 그 결과 실제 세월이 율리우스력보다 뒤처진 탓에, 16세기 말에 이르자 춘분이 점점 여름에 가까워졌다. 급기야 3월 초에 부활절을 지내게 되자, 1582년 교황 그레고리우스 13세는 율리우스력의 개정을 단행해 달력에서 27초를 빼는 방안을 모색했다. 개정에 동참한 학자들은 400년마다 윤년을 3번 없애기로 정하고, '100 단위'의 해(1600년, 1700년, 1800년 등) 가운데 400으로 나눠질 경우에만 2월 29일을 넣기로 했다. 그래서 1600년, 2000년, 2400년은 윤년이 됐고, 1700년, 1900년, 2100년은 평년이 됐다.

그래도 불완전한 점은 있었다. 1만 년을 주기로 3일이 앞서가기 때문이다. 이에 과학자들이 찾아낸 궁극의 해법은 이따금 시계의 시간에 1초를 더해 넣는 것이다. 역사상 맨 처음으로 이 '윤초'를 삽입한 해는 1972년이었다.

지구의 층상 구조

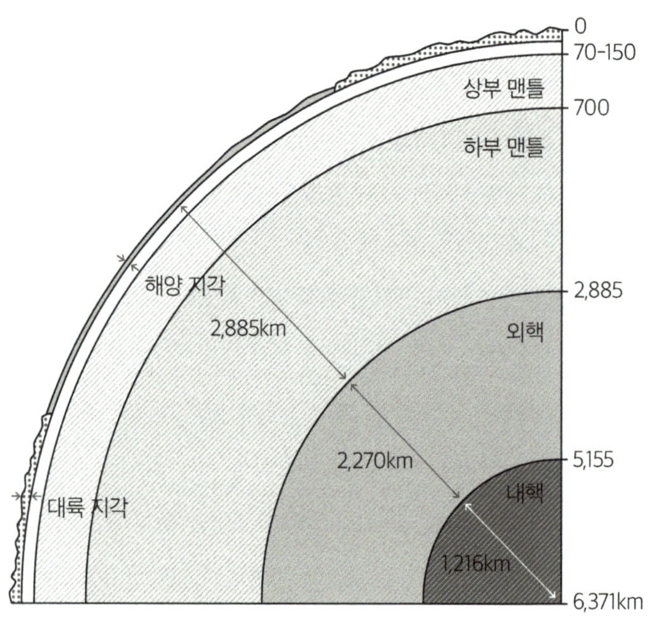

알프레드 노벨

알프레드 노벨Alfred Nobel은 1833년 스웨덴 스톡홀름의 저명한 과

학자 가문에서 태어났다. 미국에서 학업을 마친 뒤 자체 공장을 갖

추고 폭약 연구에 착수한 그는 불안전성이 덜해 안전하게 사용할 수 있는 니트로글리세린으로 폭약을 만드는 데 전념했다. 이 과정에서 1864년 공장이 폭파되어 다섯 명이 목숨이 희생되었다. 그중에는 자신의 남동생인 에밀 노벨Emil Nobel도 있었다. 이후 노벨은 폭약의 강도를 제어하는 법을 터득하여 1867년 '다이너마이트'라는 이름의 폭약을 완성해 특허를 냈다. 1873년 프랑스로 이주하여 오스트리아 태생의 평화주의 운동가와 가깝게 지냈는데, 바로 노벨 사망 후 9년 뒤인 1905년 노벨평화상을 수상한 베르타 폰 주트너Bertha von Suttner였다. 노벨은 프랑스에 연구시설을 건립해 기존 다이너마이트보다 한층 더 강력하고 실용적인 젤라틴 형태의 폭약인 '젤라틴 다이너마이트'를 발명했다.

1888년 프랑스의 한 일간지에서 실수로 노벨의 부고 기사를 내보낸 일이 있었다. "살상의 도구로 횡재한 장사꾼의 사망. 전대미문의 위력으로 더 많은 사람을 더 빠르게 죽이는 도구를 발명해 부를 축적한 알프레드 노벨 박사, 어제를 일기로 생을 마감"이라는 내용이었다. 이에 양심에 가책을 느낀 노벨은 어찌하면 사후에 좋은 이미지로 기억될 수 있을까 고민한 끝에 1895년 11월 27일, 파리에 있는 스웨덴-노르웨이인 사교 클럽 내 비밀 공간에서 유언장을 작성했다. 생전에 자녀가 없었던 그는 전 재산을 사회에 헌납했으며, 자신이 죽고 나면 그 일부를 기금으로 하여 인류 복지에 공헌하는 사람들에게 주는 상을 제정해 달라는 의사를 밝혔다. 그리하여 평화·문학·화학·생리의학·물리학의 다섯 부문에서 눈부신 발전을 이룩

한 인물 및 단체에 수여하는 '노벨상'이 탄생했다.

노벨 경제학상은 1968년 신설되었다. 노벨은 유언장을 쓰고 이듬해인 1896년 이탈리아 산레모에 있는 저택에서 뇌졸중으로 사망했다. 그의 재산은 총 17억 스위스 프랑(1억 7,900만 유로)으로 확인됐다. 1897년 초 유언장이 공개되자 세상은 일대 충격에 휩싸였다. 역사상 처음으로 세계적인 범위의 연구 활동과 국제적인 학술 공동체의 성립을 촉진, 장려하는 내용만 있고, 애국심은 온데간데없었기 때문이다. 그렇다면 평화 · 화학 · 생리의학 · 물리학처럼 쟁쟁한 분야와 더불어 문학 부문의 상도 있는데 왜 노벨수학상은 왜 없을까? 일설에 의하면 노벨에게는 소피 헤스Sophie Hess라는 연인이 있었는데, 그녀의 마음을 훔쳤던 수학자 예스타 미타그레플레르Gösta Mittag-Leffler에게 상이 가지 못하게 하려고 애초에 수학상을 만들지 않았다고 한다.

노벨 재단의 정관과 수상 관련 규정은 1900년 6월 29일에 공표되었으며, 노벨상 첫 시상식은 1901년에 거행되었다. 노벨상은 시상 첫해부터 우수한 평판을 얻으며 학문 연구의 금본위제도에 비견되는 입지를 굳혔다. 노벨상은 상금(현재 약 100만 유로) 또한 매력적이며, 이에 따라 세계 최정상의 지성들이 공정한 기준에 따라 경쟁하는 최초의 장으로 인정받았다. '노벨상 수상자'는 천재의 반열에 등극하게 되며, 인류를 위협하는 중대한 문제에 대한 조언을 제공하기도 한다.

우주여행자의 용어

우주여행자와 관련된 용어 중에 그 역사가 가장 오래된 것은 '우주비행사'로, 영국인 공상과학 작가 퍼시 그레그Percy Greg가 자신의 소설(1880년)에서 '우주선'이라는 신조어를 만들어내면서 함께 이름 붙였다. 그 후 우주비행사라는 용어는 유럽 내 대부분 언어에 확산되었다. 한편, 미 항공우주국은 1958년 우주여행 후보자 1기를 모집하면서 처음 사용했다. 냉전 시대에 적대세력 미국을 앞지르는 것이 최우선 과제였던 소련은 인류 최초로 유리 가가린Yurii Gagarin이라는 인물을 우주로 보냈으며, 우주비행사라는 용어도 'astronaut'가 아닌 'cosmonaut'로 명명했다. 냉전 시대의 양대 진영을 대표하는 과학기관들은 이렇듯 용어의 차별화를 놓고 촉각을 곤두세우고 있었으며, 언론 및 출판계에서도 지리멸렬한 공방을 이어갔다. 일부 언어학자들은 이런저런 정치적 사변은 접어두고 실용적인 의미 구분에 중점을 두어, 'cosmonaut'를 '지구 대기권을 벗어나되 다른 천체에는 도달하지 않는 사람'으로 정의했다. 여세를 몰아 다른 나라들도 자국만의 고유한 용어를 하나둘 고안했으며, 언어 간의 일관성이나 체계성 유지를 위해 고민한 흔적은 별로 없었다. '우주비행사' 용어가 나라별로 다양해지자, 제멋대로 무모하게 만든 용어들이 중구난방으로 범람한다며 폄하하는 언어학자들이 많아졌다. 요컨대 우주비행사는 국적에 따라 그 명칭이 달라지는 유일한 직업이다.

우주비행사의 명칭이 나라별로 어떻게 다른지 살펴보자.

우주비행사 명칭	국가	어원
애스트로노트(Astronaut)	미국	그리스어로 astron(천체)과 nautes(조종사)의 합성어
코스모노트(Cosmonaut)	소련/러시아	그리스어로 kosmos(우주)
스파시오노트(Spationaute)	프랑스	라틴어로 spatium(공간, 우주)
타이코노트(Taïkonaute)	중국	중국어로 太空[taikong](우주)

089 무어 왕

1965년 컴퓨터 프로세서 제조사 인텔의 공동 창업자 고든 무어Gordon Moore는 전자공학잡지 〈일렉트로닉스 매거진Electronics Magazine〉에 컴퓨터 업계 전반의 절대 기준이 될 '법칙' 하나를 발표했다. 이후 50년 동안 시간이 지날수록 더 작고 강력하며 값도 저렴한 컴퓨터가 제조되었다. '무어의 법칙Moore's Law'으로 알려진 이 법칙은 과학 이론일 뿐만 아니라 관측이자 예언이었다. 요점은 동일한 크기의 마이크로칩에 집적되는 트랜지스터의 수량이 2년마다 2배로 증가함에 따라 컴퓨터 성능도 2배로 향상된다는 것이었다. 다시 말해 트랜지스터의 밀도가 배로 늘어나 마이크로칩의 크기도 줄어들고 프로세서의 가격도 내려간다는 뜻이다.

그렇게 몇 십 년에 걸쳐 중요하게 자리 매김 했던 무어의 법칙이 더는 뛰어넘을 수 없는 장벽에 부딪혔다. 마이크로칩의 집적도가 높아질 대로 높아져서 더는 개선될 수 없는 지경에 이르렀다. 그 이유는 첫째는 물리적 측면에서 한계에 봉착했고, 둘째는 날로 인상되는 제조비용으로 더 이상 절약 요인이 될 수 없었기 때문이다.

2016년 현재 컴퓨터 마이크로칩을 더 작게 만드는 미세공정의 수준은 14나노미터에 도달했다. 2020년에는 극한의 7나노미터로 축소될 것이며, 그 후에는 기존과 완전히 다른 '양자역학'에 기초한 기술이 출현할 것으로 예상된다. 현재로서는 이렇다 할 참신한 아키텍처가 구상되고 있지는 않은 듯하다. 단언컨대 이제부터는 컴퓨터의 성능보다 에너지 효율에 주안점을 두고 마이크로칩을 개발해야 할 것이다. 물론 성능 면에서 계속 발전하기는 할 테지만 그 정도나 속도는 점점 약해질 것이다.

090

죽음의 바다, 사해

사해死海는 이스라엘과 요르단, 팔레스타인에 걸쳐 있는 염분이 함유된 호수다. 눈으로 구분이 가능한 생물(어류 및 조류)이 살 수 없는 곳인 까닭에 사해라는 이름이 붙었다. 사해의 특징은 염분의 농도, 즉 염도에 있다. 대개 바다의 염도가 2~4% 수준인데, 사해는 1L당

275g의 염분을 함유하고 있어 평균 27.5%의 염도를 띤다. 이처럼 염도가 너무 높은 탓에 플랑크톤이나 박테리아 같은 미생물이 살 수 없다. 사해는 지난 50년간 전체 면적의 3분의 1이 감소했으며, 연간 3억m³에 달하는 물이 계속해서 증발하고 있다. 농업용수 확보를 위해 요르단 강을 과도하게 개발한 것이 증발의 주원인으로 꼽힌다.

091

염분 과잉 섭취

오래 전부터 세계보건기구는 과도한 염분 섭취로 인해 고혈압, 심혈관질환 및 신부전증 합병증의 발병률이 높아지고 있다고 보고했다. 영국인 교수 그레이엄 맥그레고르Graham MacGregor는 소금 섭취량을 현재의 절반으로 줄이면 연간 250만 명의 죽음을 막을 수 있다고 확신했다. 프랑스에서는 염분 과잉 섭취로 하루 100여 명이, 해마다 3만 5천 명 이상이 목숨을 잃고 있다.

프랑스 식약청에서는 소금 4g이면 성인의 1일 염분 필요량으로 충분하다고 한다. 네덜란드는 하루에 9g, 일본은 10g의 염분을 섭취할 것을 권장하고 있다. 하지만 염분 섭취량을 줄이는 일은 결코 쉽지 않다. 빵과 가공육을 비롯해 심지어 과자 같은 가공식품 속에도 다량의 소금이 '숨어 있기' 때문이다. 우리 몸속에 들어오는 염분의 80%가 농산물 가공식품에서 비롯된다고 해도 과언이 아니다.

육상선수들의 기량은 날로 향상되고 있을까?

스포츠 통계학자들은 세계 최정상 육상선수들의 기량이 점차 떨어지고 있다고 지적하면서, 이런 추세라면 앞으로 신기록 수립도 점점 줄어들 것으로 예상한다. 가장 오랫동안 유지되고 있으며 앞으로도 영영, 아마도 절대로 깨어지지 않을 듯한 육상 세계 기록 10개를 살펴보자.

종목	기록	선수	연도
남자 400m	43초18	마이클 존슨(영국)	1999년
남자 세단뛰기	18.29m	조나단 에드워즈(영국)	1995년
남자 높이뛰기	2.45m	하비에르 소토마요르(쿠바)	1993년
남자 400m 허들	46초78	케빈 영(미국)	1992년
남자 멀리뛰기	8.95m	마이크 파월(미국)	1991년
여자 100m 여자 200m	10초49 21초34	플로렌스 그리피스 조이너(미국)	1988년
여자 높이뛰기	2.09m	스테프카 코스타디노바(불가리아)	1986년
해머던지기	86.74m	유리 세디흐(우크라이나)	1986년
여자 400m	47초60	마리타 코흐(독일)	1985년
여자 800m	1분53초28	야르밀라 크라토츠빌로바(체코)	1983년

몸속 세균과 세포의 비율은?

2016년 초 그동안 믿어왔던 과학적 사실 하나가 허구로 드러났다. 1970년부터 우리 몸속에는 세포보다 10배나 많은 세균이 있다고 보고되어 왔다. 하지만 이스라엘 연구진이 산출한 수치에 따르면, 인체에는 세균과 세포가 1.3 대 1의 비율로, 각각 40조 개와 30조 개가 들어 있다고 한다. 우리가 몸속에 가지고 있는 세포와 세균의 수는 거의 같다는 것이다.

인공지능

1997년 러시아 체스 챔피언 게리 카스파로프Garry Kasparov가 IBM의 슈퍼컴퓨터 '딥블루Deep Blue'와의 체스 재대결에서 패한 뒤 인류는 큰 충격을 받았다. 지난 2011년에는 미국 텔레비전 퀴즈쇼 〈제퍼디!Jeopardy!〉의 최강 출연진이 IBM이 개발한 슈퍼컴퓨터 왓슨에 굴복했다. 2016년 3월 이번에는 바둑 기사들이 더더욱 강한 투지를 품고 인공지능의 위력에 맞섰다. 바둑계의 살아 있는 전설로 불리는 한국인 프로 기사 이세돌이 나섰지만 컴퓨터와의 바둑 대결에서 1승 4패로 지고 말았다. 바둑은 중국에서 유래한 놀이로, 바둑돌을 놓는 경우의 수, 즉 기보棋譜의 수가 무궁무진한 까닭에(가능한 국면의 수가 10^{170}, 체스의 10^{100}배), 탁월한 직관과 창의력이 필요하다. 구글 딥마인드Deepmind가 개발한 인공지능AI 바둑 프로그램 알파고AlphaGo에 대중이 놀란 이유도 바로 이 직관과 창의력 때문이다.

프로세서(처리장치)가 점점 더 많아지고 빨라진 컴퓨터가 이처럼 계산에 입각한 게임에서 인간을 이길 거라고 어느 정도 예상은 했지만 입력된 프로그램으로 작동하는 인공지능이 인간 고유의 능력인 줄 알았던 창의성과 독창성, 지능까지 발휘한다는 것은 실로 충격이 아닐 수 없었다. 알파고는 '학습' 능력을 지닌 최신세대 인공지능이다. 인간의 신경조직에 착안해 도식적으로 설계된 신경회로망을 보유한 덕분에, 어떤 국면에서 어떻게 맞수와 승부수를 두고 전략을 구상해야 하는지를 사전에 충분히 익혀둘 수 있다. 거기다 인간과 달리 심신이 지치거나 감정이 동요하는 법도 없다.

인공지능이 급속도로 발전하면서 공상과학 영화의 한 장면처럼 되지 않을까 하는 우려의 목소리도 점차 커지고 있다. 로봇들이 벌써 인간을 능가해버렸나, 인간의 통제를 벗어나 버렸나 하고 말이다. 물론 기계에 인간의 정신을, 그것도 아주 완벽히 공들여 만든 정신을 불어넣으려는 시도들도 보인다. 하지만 규소로 이뤄진 반도체 칩 조립체 그 이상은 만들어내지 못했다. 어차피 '인공지능'이라는 표현 자체에 인간의 특성을 투영하겠다는 의인화 의도가 담겨 있기 때문이다. 알파고가 '이겼다'고 하지만 진정으로 이긴 쪽은 알파고의 알고리듬을 창조한 인간이다. 이러한 혼란을 막기 위해서는 로봇에 인간과 너무 흡사한 외모를 부여하지 말아야 한다는 이들도 있다. 일부러라도 못생기게 만들어야 호감이 가지 않을 것이라고 한다. 그런가 하면 일부 철학자들은 미래에 로봇 사용을 경계해야 한다고 주장한다. 휴대전화 사용으로 인해 참고 기다리는 관용의 미덕을 잃고 조급해졌듯이, 인간의 모든 욕구를 순순히 채워주고 인간의 말에 순종하도록 프로그래밍이 된 인간을 빼닮은 로봇이 등장하면, 우리는 인간관계나 사회성이 모자란 채 살게 될 것이라고 한다.

한편, 트랜스휴머니즘transhumanism(과학기술을 이용해 인간의 능력을 무한대로 개선하려는 사상 — 옮긴이)을 연구하는 미래학자들은 훨씬 '열광적으로' 반응한다. 인공지능 로봇에 인간의 자유를 물려줄 준비를 하고 있으며, 앞으로 권리까지 부여하겠다는 입장이다. 여성과 흑인에게는 정신이 없다고 생각했던 무지와 암흑의 시대가 있었듯이, 로봇의 가치를 인정하지 않으려는 지금 우리의 태도가 언젠가는 실리콘 피부의 인공지능에 대한 인종차별로 해석될 날이 올지도 모른다. 황당하게 들리겠지만, 막을 수 없는 미래라면 만반의 대비 태세를 갖춰야 한다. 우선, 인간의 의식과 생명의 본질에 관해 성찰하는 시간을 갖고, 과학자들은 적어도 100년 안에는 인공지능이 출현하지 않게끔 막아야 한다. 특히 우리가 바짝 경계해야 할 대상은 우리 일상에서 점점 더 그 영역을 확대하고 있는 데이터마이닝data mining 프로그램이나 무인자동차 같은 작은 크기의 인공지능이다. 아마 2030년 안에 미국에는 운전기사 직업이 사라질 전망이다.

자연지능: 여성 노벨상 수상자

2015년 프랑스계 비영리 재단 '로레알 재단Fondation L'Oréal'에서 실시한 조사에서 중요한 시사점을 던지는 결과가 나왔다. 유럽인의 67%가 여성에게는 높은 수준의 과학을 연구할 능력이 없다고 생각한 것이다. 더욱 놀라운 점은 이처럼 여성의 역량을 저평가하는 성차별적 관념을 남성 못지않게 여성들도 가지고 있다는 점이다. 하지만 과학 분야의 여성 노벨상 수상자들이 이러한 편견이 틀렸음을 입증한다. 다음은 세계 최정상의 과학 천재들 목록이다.

노벨 물리학상

1903년 • **마리 퀴리**(남편 피에르 퀴리와 앙리 베크렐 공동 수상)

   • 폴란드 태생의 프랑스인

   • 앙리 베크렐 교수가 발견한 '자연방사 현상'에 관한 공동 연구를 수행함.

1963년 • **마리아 괴퍼트메이어**(요하네스 한스 다니엘 옌젠과 공동 수상)

   • 미국인

   • 원자핵의 껍질구조 모형을 제창한 논문을 발표함.

노벨 화학상

1911년 • 마리 퀴리

• 폴란드 태생의 프랑스인

• 방사화학분석법으로 방사성 원소 라듐과 폴로늄을 발견
하여 화학 발전에 기여함.

1935년 • 이렌 졸리오 퀴리(남편 프레데릭 졸리오 퀴리와 공동 수상)

• 프랑스인

• 원자의 인공 전환을 설명함. 퀴리 부부의 장녀임.

1964년 • 도로시 호지킨

• 영국인

• X선으로 주요 분자의 구조를 분석하여 생물학적 기능을
설명하는 방법을 체계화함.

2009년 • 아다 요나트(벤카트라만 라마크리슈난과 토머스 스타이츠 공
동 수상)

• 이스라엘인

• 세포 내 소기관인 리보솜의 구조와 기능에 관해 연구함.

노벨 생리학·의학상

1947년 • 거티 테레사 코리(칼 퍼디낸드 코리와 공동 수상)

• 미국인

• 글리코겐의 촉매 전환 과정을 발견함.

1977년 • 로절린 앨로

- 미국인
- 펩타이드 호르몬의 면역 정량 측정법을 개발함.

1983년
- 바바라 매클린톡
- 미국인
- 유동유전인자를 발견함.

1986년
- 리타 레비-몬탈치니(스탠리 코헨과 공동 수상)
- 이탈리아인
- 성장인자를 발견함.

1988년
- 거트루드 엘리언(제임스 화이트 블랙, 조지 히칭스와 공동 수상)
- 미국인
- 약물치료의 중요한 원칙을 발견함.

1995년
- 크리스티아네 뉘슬라인 폴하르트(에드워드 루이스, 에릭 위샤우스와 공동 수상)
- 독일인
- 배아 발달 초기 단계의 유전적 통제에 관해 발견함.

2004년
- 린다 브라운 벅(리처드 액설과 공동 수상)
- 미국인
- 후각 계통과 후각 인지과정에 관한 연구

2008년
- 프랑수아즈 바레 시누시(뤽 몽타니에와 공동 수상)
- 프랑스인
- 인간면역결핍 바이러스를 발견함

2009년
- 엘리자베스 블랙번, 캐럴 그라이더(잭 조스택과 공동 수상)

- 오스트레일리아인/미국인
- 텔로미어와 텔로머레이스에 의한 염색체 보호 기제를 발견함.

2014년 • **마이브리트 모세르**(남편 에드바르드 모세르와 존 오키프 공동 수상)
- 노르웨이인
- 뇌 세포의 위치정보 처리 체계를 발견함.

노벨 경제학상

2009년 • **엘리너 오스트롬**(올리버 윌리엄슨과 공동 수상)
- 미국인
- 사회 공유재산에 관한 경제적 지배구조를 분석함.

096

가장 오래된 유기체, 판도

미국 유타주 서부 피시호에 맞닿은 언덕에는 모두 한 뿌리로 연결된 북미사시나무 4만 7천 그루가 거대한 군락을 이루고 있다. 나무 하나하나의 평균 수명은 130년 정도이지만, 군락 전체는 유전자 재조합을 통해 끊임없이 재생되고 있다. 판도(라틴어로 '들린다'라는 뜻)라는 이름이 붙은 이 식물공동체는 무려 8만 년의 수령을 자랑한다.

지구상에 존재하는 유기체 가운데 가장 나이가 많다.

파이어니어호, 인류의 메시지를 싣고 떠나다

1972년 초 어느 미국 언론기자가, 태양계를 이탈하는 최초의 우주선으로 준비되던 우주탐사선 파이어니어호^{Pioneer}에 인류가 외계인에게 보내는 메시지를 담아 띄우자는 의견을 냈다. 이 계획에 매료되었던 천문학자 칼 세이건^{Carl Sagan}은 미 항공우주국에 제안해 파이어니어호가 (만에 하나) 혹시라도 외계 생명체를 만날지 모르니 인류의 메시지를 담은 금속판을 함께 실어 보내자고 했다. 이에 칼 세이건과 동료 천문학자 프랭크 드레이크^{Frank Drake}는 파이어니어 10호(1972년)와 11호(1973년)에 담겨 다른 행성계로 날아갈 그림을 몇 달 만에 급히 그려냈다.

재질 : 알루미늄과 금	세로 : 152mm
가로 : 229mm	두께 : 1.27mm

그림의 왼쪽 위에는 수소원자(우주에 가장 많은 원소)가 두 가지의 에너지 상태로 묘사되어 있으며, 두 에너지는 파장이 21cm인 광자_{光子}를 방출하고 있다. 따라서 21cm가 이 그림의 기본단위임을 알 수 있다.

여성은 오른쪽에 표기된 8진법에 따라 키가 8×21cm=1.68m임을 알 수 있다. 여성 옆의 남성은 호감의 표시로 한 손을 들어 보이고 있다.

성간에서 어떤 외계 지성체가 이 금속판을 발견할 경우 우리 태양계가 은하계 우주의 어디쯤에 위치하는지 알 수 있도록, 중성자별들이 일정한 주기로 맥박 형태의 전파를 방사할 때 지구에서 관측되는 펄서pulsar가 그려져 있다.

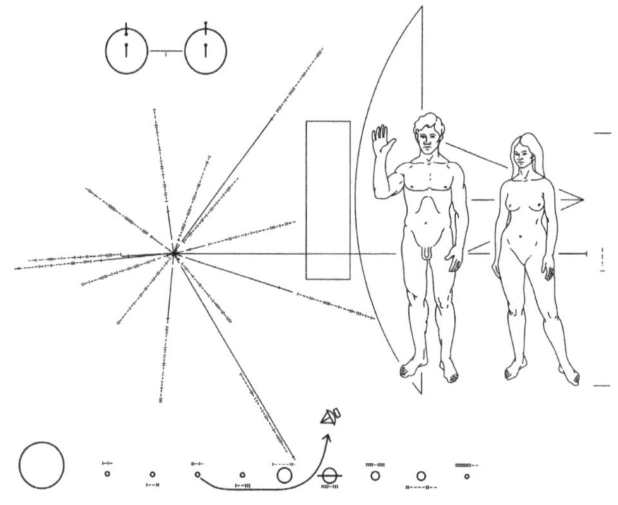

그림 속 정보

- 중성수소의 초미세 전이

- 파이어니어호의 개략도

- 8진법으로 표현

- 은하계 중심 및 14개의 펄서와 비교한 태양계의 위치
- 태양계의 행성들

재앙급 대지진에 대비하라

미국 캘리포니아주는 샌 안드레아스 단층San Andreas Fault이 세로
로 길게 뻗어 있다. 태평양과 아메리카 대륙의 지질구조판이 만나
는 곳으로, 이 두 판이 완전히 맞물리지 않고 틈이 벌어져 생긴 단층
이다. 단층 길이는 1,300km이고 갈라진 부분의 폭이 평균 몇 킬로
미터에 달한다. 단층과 근접한 거리에 있는 샌프란시스코와 로스앤
젤레스는 단층으로 인해 강도 높은 지진이 자주 발생하는 도시들로,
지진학자들의 집중적인 연구 대상이 되고 있다.

지질학자들은 이 지역에 100년 주기로 찾아오는 재앙급 대지진
'빅 원Big One'의 발생 시점을 예측하고 있다. 마지막으로 왔던 것이
도시 전체를 불태우고 3천 명 이상의 목숨을 앗아간 1906년 샌프란
시스코 대지진이었다. 따라서 2032년 안에 이러한 대규모 지진이 일
어날 확률을 62%로 점치고 있다. 캘리포니아주는 미국 재난 영화의
단골 소재로 등장하는 다음번 빅 원에 만반으로 대비하고 있는 실정
이다.

미국 캘리포니아 샌 안드레아스 단층 인근 도시의 주요 지진

도시	날짜	진도	인명 및 재산 피해
오렌지카운티	1769년 7월 28일	6	
샌디에이고	1800년 11월 22일	6.5	
샌프란시스코	1808년 6월 21일	6	
포트 테혼	1857년 1월 9일	8.3	2명 사망
산타크루즈산맥	1865년 10월 8일	6.5	
헤이워드	1868년 10월 21일		
샌프란시스코	1906년 4월 18일	7.8	3천 명 사망, 5억 달러 상당의 재산 피해
산타바바라	1925년 6월 29일	6.3	14명 사망, 650만 달러 상당의 재산 피해
	1927년 11월 4일	7.3	
롱비치	1933년 3월 11일	6.3	115명 사망, 100명 부상, 5천만 달러 상당의 재산 피해
컨 카운티	1952년 7월 21일	7.7	14명 사망, 18명 부상, 5천만 달러 상당의 재산 피해
샌프란시스코	1957년 3월 22일	5.3	40명 부상
산페르난도	1971년 2월 9일	6.6	65명 사망
로마 프리에타 (샌프란시스코)	1989년 10월 17일	7.1	63명 사망, 3,757명 부상, 60억 달러 상당의 재산 피해
파크필드	2004년 9월 28일	6.0	100년도 넘게 전부터 예상된 지진. 내진 설계 등의 철저한 대비 덕분에 피해가 거의 없었음
로스앤젤레스	2008년 7월 29일	5.5	경미한 피해
	2010년 3월 16일	4.4	피해 없음
메히칼리	2010년 4월 4일	7.2	2명 사망, 100여 명 부상
로스앤젤레스	2014년 3월 17일	4.4	피해 없음
나파	2014년 8월 24일	6.0	120명 부상

두 발 달린 동물

두 발 달린 동물을 인류의 시초로 보는 견해가 많다. 몸집 큰 원숭이들이 나무에서 내려와 땅을 활보하기 시작할 즈음, 인류의 역사가 시작되었기 때문이다. 고대부터 철학자들은 두 발 보행을 인간의 고유한 특성으로 여겼으며, 머리의 위치가 '이데아의 세계' 또는 하나님의 왕국인 하늘과 가까이 유지하는 것은 모든 생명 중에 인간이 유일하다고 생각했다. 고생물학자 파스칼 피크Pascal Picq는 두발 보행 덕분에 인간으로 발달한 것이 아니라, 인간 스스로 두발 보행을 선택하고 적응했다고 주장한다. 두 발 보행은 인류 이전에도 분명히 존재했으며, 오늘날에도 여전히 두 발로 걷는 동물들을 볼 수 있다.

공룡

두 발 달린 동물 가운데 가장 가공할 위력을 지녔고, 종류도 다양했던 동물이 공룡이다. 포식성의 육식 공룡은 두 발로 성큼성큼 활보했고, 초식 공룡은 네 발로 뒤뚱거리며 한가로이 살았다. 포악한 육식 공룡의 대표 주자로는 티라노사우루스, 알로사우루스, 벨로키랍토르 등이 있었으며, 이들은 모두 두 발 보행을 한 수각류獸脚類 공룡에 속한다. 수각류 공룡 중에 가장 거대했던 것은 몸길이 15m, 무게 11톤의 스피노사우루스였다.

조류

조류는 사람을 제외하고 육지에서 두 발을 사용해 이동하는 유일한 동물이다. 육식 공룡처럼 먼 거리를 달릴 때 몸의 중심축을 가로방향에 두고 몸의 균형을 유지한다. 단, 펭귄은 몸의 중심축이 수직방향으로 되어 있어 뒤뚱뒤뚱 둔하게 걷는다. 새들 대부분이 짝짓기 때는 상대를 유혹하기 위해 두 발을 땅에 대고 몸을 위로 꼿꼿이 세운다.

파충류

도마뱀 종류 가운데 일부, 특히 (화려한 목도리를 과시하는) 목도리도마뱀은 뒤쪽의 두 발로 몸을 곧게 세우고 상대를 공격한다.

포유류

육지에 사는 포유류는 기본적으로 네 발 보행을 하지만, 많은 종이 수준 차이를 보이며 두 발 보행도 한다.

- **영장류**靈長類 : 구세계(아프리카, 아시아, 유럽)의 영장류는 네 발로 걸었다. 인류와 가장 가까운 사촌뻘인 유인원(침팬지, 보노보, 고릴라, 오랑우탄, 긴팔원숭이)으로 진화하면서 완벽한 직립 두 발 보행이 가능해졌고, 이를 통해 활동영역 확장, 사회적 상호작용, 욕구 충족을 할 수 있게 되었다.

- **유대류**有袋類 : 유대류에 속하는 캥거루나 왈라비는 얼핏 두 발 달린 육상 포유류로 분류할 수도 있지만, 사실 걷지는 못하고 껑

충껑충 뛸 수만 있다.

- **설치/토끼류**有齒類 : 미어캣과 모르모트 등 설치류에 속한 많은 종이 주변 탐색을 위해 수직으로 몸을 곧추세우는 자세를 취한다. 어디론가 이동할 때는 이 자세를 취하지 않는다.
- **유제류**有蹄類 : 유제류에 속하는 일부 야생종들은 높은 데 있는 잎과 열매 등을 따먹기 위해 한 쌍의 뒷다리로 몸을 곧추세운다. 기린 목이 긴 것도 바로 이러한 식욕에서 진화한 것이다.

두 발 보행

네 발 달린 동물 가운데 일부는 두 발로 껑충껑충 뛸 수도 있으나 자세가 불편한 탓에 오랜 시간 지속하지는 못한다. 개와 물개와 코끼리는 서커스를 보는 관중에게 즐거움을 주기 위해 사람처럼 몸을 꼿꼿이 세우도록 훈련된 것이다. 하지만 곰은 예외다. 곡예사가 주문하면 능숙한 몸놀림으로 몸을 일으켜 세워 걷는다. 곰은 다른 포유류가 중력의 중심이 앞다리에 있는 것과 달리, 영장류처럼 뒷다리에 있기 때문이다. 곰이 중세시대에 학대를 받았던 이유가 아마 여기 있었을 것이다.

> **2초 사이에** 이런 일이!
>
> 남극 대륙의 '파인 아일랜드 빙하'가 5,072m³씩 녹아내리고 있다. 파인 아일랜드 빙하는 남극지방의 대형 빙하들 가운데 녹는 게 눈으로 확연히 보이는 빙하다.

박쥐

　박쥐는 유일하게 날아다니는 포유류다. 물론 '날다람쥐'라는 다람쥐류도 있지만 이 녀석들은 날개가 아니라 네 다리 사이에 연결된 익막翼膜을 펼쳐 활공한다. 이와 달리 박쥐의 날개는 말 그대로 날개 기능을 한다. 박쥐는 초음파를 감지해 움직이는데, 그 원리가 음파탐지기와 흡사하다.

　1791년 이탈리아 생물학자 라차로 스팔란차니Lazzaro Spallanzani는 박쥐가 눈이 보이지 않는 상태에서는 능숙하게 움직이지만 귀가 들리지 않는 상태에서는 그렇지 못함을 알아냈다. 대부분 박쥐는 입과 코로 초음파를 방출하는데, 코는 성대를 진동시키기 위해 적응된 기관이라고 할 수 있다. 이처럼 초음파를 감지하고 방출하는 것은 박쥐만의 고유한 특징이다. 물론 다른 생물들이 내는 소리도 들을 수 있다. 박쥐는 초음파가 메아리처럼 반향이 되어 울리는 것을 감지하여 물체의 위치와 크기, 움직임을 고도로 정밀하게 파악한다. 따라서 박쥐는 그물로 포획하기가 쉽지 않다. 직경 10m 거리에 있는 0.1mm 두께의 실오라기까지 탐지하기 때문이다. 심지어 어떤 박쥐 종들은 주변 환경에 적응하기 위해 초음파 능력을 이용하는데, 동굴 내부인지 외부인지에 따라 어떻게 하면 더욱 효율적으로 이동할 수 있는지 주변의 환경 조건에 대해 스스로 질문하고 답하기도 한다.

역대급 화산 폭발

지난 2천 년의 화산 폭발을 추적한 연구가 최근 발표되었다. 연구진이 남극의 빙하에서 얼음 표본을 추출하여 그 속에 든 황산 성분을 분석한 결과, 두 세기에 걸쳐 적어도 116번의 대규모 화산 폭발이 있었던 것으로 밝혀졌다. 분화 과정에서 분출된 화산재가 머나먼 남극까지 이동한 것으로 보아 폭발력이 대단했음을 알 수 있다. 다음은 지난 2천 년간 가장 강력했던 화산 폭발 10건을 폭발력 규모로 순위화한 것이다.

10위 - 인도네시아 린자니산

연도 불명확

인도네시아 롬복섬에 있는 린자니산은 높이가 해발 3,700m 이상으로 인도네시아에서 두 번째로 높은 화산이다. 19세기부터 마지막 폭발이 있었던 2010년까지 총 15차례의 폭발을 일으켰다 .

9위 - 아이슬란드 그림스뵈튼화산

1785년

그림스뵈튼화산은 아이슬란드 바트나이외퀴틀 빙하에 위치한 분출형 화산으로, 아이슬란드에 속한 여러 활화산 가운데 하나다. 1783년과 1785년 두 차례의 지질 균열로 인해 분화하면서 어마어마한 양의 용암 파편을 공중으로 뿜어냈다. 마지막으로 분화한 것은 2011년으로 지난 1세기를 통틀어 가장 강력했다고 전문가들은 진단한다.

8위 - 중앙아메리카 일로팡고화산

450년

엘살바도르에서 가장 큰 호수인 일로팡고 호수는 오래 전 일로팡고화산의 흔적을 간직하고 있는데 오늘날 볼 수 있는 것은 칼데라와 종상화산鍾狀火山 정도다. 일로팡고화산은 5세기에 대규모 폭발을 일으켰으며, 이때 막대한 열운熱雲을 분출하여 주변 일대를 초토화시켰다. 이 과정에서 화산 분화구가 함몰되어 칼데라가 형성된 것으로 추정된다. 마지막 폭발은 19세기에 있었다.

7위 - 안데스산맥 킬로토아화산

1280년

에콰도르에 위치한 킬로토아화산은 해발 3,900m가 넘는 폭발형 화산이다. 800년 전쯤 재앙적인 폭발을 일으켜 화산가스와 화산재 등으로 된 화산 기둥을 뿜어내 주변 하늘을 검게 물들였다. 이 폭발로 분화구 주변에 지름 3km의 칼데라가 생겼고, 이후에 물이 고이면서 오늘날 칼데라호가 형성되었다.

6위 및 5위 - 파푸아뉴기니 라바울화산

기원전 531~566년

라바울은 파푸아뉴기니 뉴브리튼섬에 위치한 폭발형 화산이다. 성층화산의 형태를 띠며, 둘레에는 바다로 연결되는 거대한 칼데라가 형성되어 있다. 이 칼데라는 지금으로부터 2500여 년 전인 기원전 540~550년경 있었던 거대한 폭발과 잇따른 몇 번의 폭발 결과로 만들어졌다.

4위 - 알래스카 처칠산

674년

처칠산은 알래스카 세인트일라이어스산맥에 있는 해발 4,700m의 폭발형 화산으로, 현재는 분화를 멈춘 휴화산으로 분류된다. 산기슭에는 '하얀 잿더미 강'이라는 뜻의 '화이트 리버 애시White River Ash'로 명명된 1300년 역사의 화산재 퇴적층이 있다. 670년경 두 차례의 대폭발로 엄청난 양의 화산재($50km^3$ 이상)가 분출하면서 화산재 퇴적층이 형성된 것으로 보인다.

3위 - 인도네시아 탐보라산

1815년

인도네시아 숨바와섬에 있는 탐보라산은 해발 2,850m의 성층화산으로, 1815년 4월 10일 재앙적인 폭발을 일으켜 세계 분화 사상 최대의 인명 피해를 냈다. 시뻘겋게 달아오른 $160km^3$ 크기의 암석들이 2,000km나 떨어진 곳까지 날아갔으며 쏟아진 화산재의 양 또한 엄청났다. 분화와 동시에 1만 명 이상이 숨졌으며 이후 기근과 질병으로 7만 명의 추가 사망자가 발생했다. 게다가 기상이변으로 기온이 급강하하여 이듬해인 1816년은 '여름이 없는 해'로 기록되었다.

2위 - 바누아투의 쿠와에화산

1452년

남태평양의 섬나라 바누아투의 셰퍼드 군도에 위치한 쿠와에화산은 '해저 칼데라'의 형태를 띠며, 양옆으로 두 개의 작은 섬이 있다. 지질학자들에 따르면 원래는 이런 모습이 아니었다고 한다. 하나의 큰 섬이었는데, 15세기에 대규모 화산 폭발이 나면서 화산구 주변으로 $30km^3$이상의 마그마와 엄청난 양의 화산재가 흩어지면서 가로 세로 12km×6km의 타원형 칼데라가 형성된 것이다. 이 폭발로 극심한 기상이변 현상도 뒤따랐다.

1위 - 인도네시아 사말라스화산

1257년

역사상 가장 강력한 화산 폭발이 발생한 곳은 인도네시아 롬복섬의 신자니산 인근에 있는 사말라스화산이었다. 반경 40km 지역이 온통 자욱한 연기로 뒤덮이고, 분화구 주변 20km 지역이 열운에 휩싸인 '막대한 규모'의 분화였다. 이로 인해 당시 4,000m 높이였던 화산에서 마그마 챔버가 움푹 꺼지면서 산꼭대기의 함몰 부분에 세가라 아낙 칼데라가 생겼고, 여기에 물이 채워지면서 오늘날과 같은 호수가 자리했다.

 * 칼데라는 화산 분화로 지하의 마그마 저장소인 마그마 챔버가 푹 꺼지면서 산꼭대기 중심부가 원형으로 함몰되어 생긴 거대한 지형을 말한다. 칼데라에 물이 고여 '칼데라호'가 만들어지기도 한다.

유명한 인류 화석

투마이

2001년 아프리카 내륙국 차드의 주라브 사막에서 프랑스 고인류학자 미셸 브뤼네Michel Brunet의 연구팀이 발견한 영장류의 두개골 화석이며, 사헬란트로푸스 차덴시스Sahelanthropus tchadensis종으로 규명되었다. 이를 인류와 연계된 최초의 영장류로 보는 인류고생물학자들도 있다. 지금으로부터 700만 년 전쯤, 다시 말해 35만 세대 전에 살았던 영장류로 추정된다.

오로린 투게넨시스

600만 년 전 존재했던 '사람과Hominidae'의 화석으로, 2000년 11월 케냐 투겐 언덕에서 프랑스 연구진 브리지트 세뉘Brigitte Senut와 마틴 픽포드Martin Pickford가 발견했다.

리틀 풋

1994년 남아프리카공화국 스테르크폰테인에서 고인류학자 로널드 클라크Ronald J. Clarke가 발견한 '사람과'의 화석이다. '작은 발'이라는 뜻인 리틀 풋은 지금까지 발견된 오스트랄로피테쿠스Australopithecus의 뼈 화석 가운데 가장 온전한 골격 상태를 보인다. 2015년 발표된 관련 연구에서 367만 년 전에 존재한 것으로 추정되었다. 이는 아벨Abel과 루시Lucy보다 더 오래 전에 존재한 것이다.

아벨

1995년 차드에서 프랑스 고인류학자 미셸 브뤼네의 연구팀이 발견한 인류의 턱뼈 화석이다. 현재까지 유일하게 발견된 오스트랄로피테쿠스 바렐가잘리bahrelghazali의 뼈로 알려졌다. 아벨은 350만~300만 년 전 서아프리카 지구대에 살았으며, 이 시기에 동아프리카 지구대에는 오스트랄로피테쿠스 아파렌시스afarensis가 살았다. 당시 발굴을 주도했던 미셸 브뤼네는 몇 해 전 카메룬에서 세상을 떠난 동료 지질학자 아벨 브리앙소Abel Brillanceau에 대한 경의의 표시로 이 화석의 이름을 아벨로 정했다고 한다.

루시

지금껏 발견된 오스트랄로피테쿠스 화석 가운데 비교적 온전한 골격 상태로 발견되었다. 1974년 11월 24일 에티오피아 아와시 강 언저리에서 고인류학자 이브 쿠펜스Yves Coppens, 도널드 요한슨

Donald Johanson, 모리스 타이엡Maurice Taieb으로 구성된 국제공동연구팀이 발견했다. 발견할 당시 연구진은 비틀즈의 노래 '루시 인 더 스카이 위드 다이아몬드Lucy in the Sky with Diamonds'를 듣고 있어 '루시'라는 이름을 붙였다고 한다. 루시는 1976년 처음 발견되었고, 1978년에 이르러 '오스트랄로피테쿠스 아파렌시스'라는 학명이 붙었다. 현재 에티오피아 수도 아디스아바바에 위치한 에티오피아국립박물관에 보관되어 있다.

골상학

두뇌를 뜻하는 그리스어 'Phren'에 어원을 둔 골상학Phrenology은 1790년대 말 오스트리아 빈에서 신경전문의로 활동하던 프란츠 요제프 갈Franz Joseph Gall이 주창한 의사과학擬似科學(주창자는 과학이라고 주장하지만 과학의 요건을 만족하지 못하는 학문 ─ 옮긴이)이다. 갈은 인간의 기질과 지적·도덕적 능력이 뇌의 특정 영역에서 선천적으로 발현된다는 이론을 내세워, 두개골의 형상을 보면 그 하부에 숨어 있는 대뇌 구조를 파악해 성격과 심리를 추정할 수 있다고 설명했다. 당시로서는 대단히 급진적인 발상이었다. 가톨릭교회를 신봉했던 오스트리아 황제는 갈의 합리적 이성론에 분개한 나머지 그를 국외로 추방했다. 프랑스로 망명한 갈은 자신의 이론을 추종하는 사

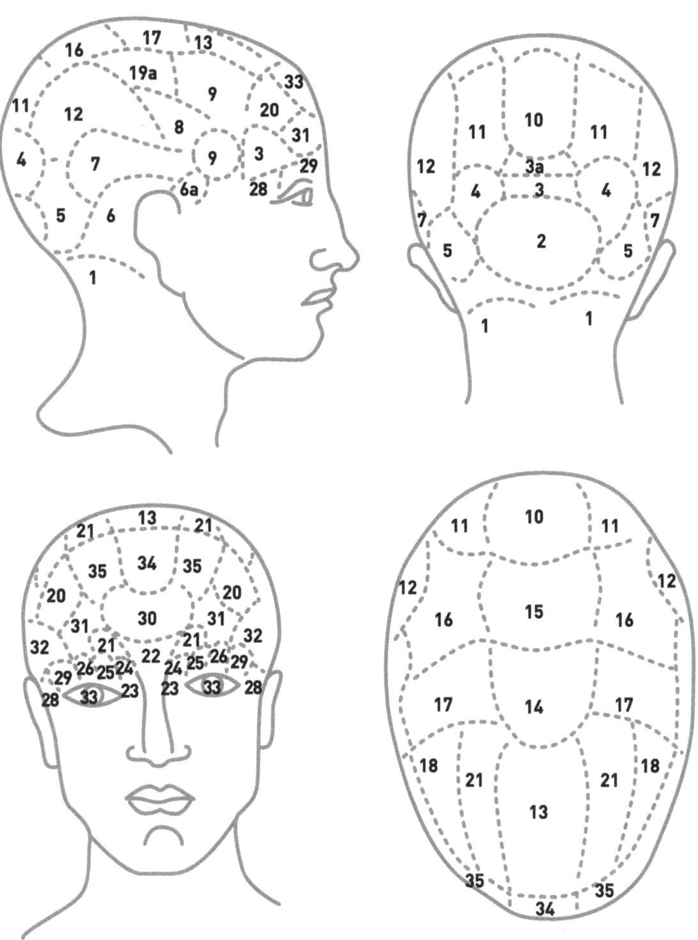
16
17
13
19a
33
11
9
12
20
8
31
9
3
4
7
9
29
6a
28
5
6
1

11
10
11
12
3a
12
4
3
4
7
7
5
2
5
1
1

21
13
21
35
34
35
20
20
31
30
31
32
21
21
32
22
29
26
25
24
24
25
26
29
28
33
23
23
33
28

11
10
11
12
12
16
15
16
17
14
17
18
21
21
18
13
35
35
34

람들을 만나게 된다. 그중에는 나폴레옹의 황후 조제핀과 나폴레옹의 주치의 코르비사르도 있었다.

1828년 갈이 세상을 떠난 후 골상학에서 깊은 영감을 받는 과학자들이 대거 생겨났으며, 우수한 연구 사례를 내놓는 이들도 꽤 있었다. 특히 프랑스 인류학자 폴 브로카Paul Broca는 뇌에서 언어 표현과 구사를 관장하는 영역, 오늘날 '브로카 영역Broca's area'이라 불리는 위치를 밝혀냈다. 골상학이 처음 나왔을 무렵에는 대뇌 각 부위의 올록볼록한 요철 상태를 보고 어떻게 인간의 행동 양식을 판단할 수 있냐고 반대하는 목소리가 컸다. 범죄형 두개골은 어떤 부위가 돌출되어 있는지 알아내는 데 악용되어 위험하고 부적절한 결과를 초래하기도 했다. 1880년대 무렵 대뇌의 기능에 대한 인식이 발전하면서 골상학은 사양길로 접어들었다. 역설적이게도 골상학이 이에 기여한 셈이다.

다음은 골상학 도표를 재구성하여 대뇌 표면의 각 부위와 관련된 인간의 심리적 특징을 정리한 것이다. 당연히 골상학의 이론과는 확실한 거리를 두어야 함을 알려둔다.

범례

1. 정욕 : 이성에 대하여 느끼는 성적 충동. (이성애자의) 성적 본능.

2. 번식욕 : 자녀를 낳아 기르려는 욕구.

3. 집념 : 어떤 생각에 몰두하며, 모든 신경과 에너지를 하나의 대상에 집중시키는 능력.

4. 애착 : 우정을 근간으로 하는 집단에 대한 소속 및 친교의 본능. 성적 욕망이 배제된 애정에 대한 욕구.

---

5. 투지 : 저항의 본능. 인간의 자유로운 활동을 방해하는 요인에 저항하는 심적 능력. 용기의 기본 요소.

6. 파괴성 : 공격에 대한 본능. 파괴적인 성향.

6a. 식욕 : 무엇을 먹을지 선택하는 동인, 즉 미각을 말함. 미각이 세련되게 발달한 경우 미식가의 성향을 보이고, 저조하게 발달할 경우 폭식, 음주벽의 성향을 보임.

7. 은폐 : 간수하고 간직하려는 본능. 자신의 감정과 생각을 숨기려는 성향.

8. 점유 : 새로운 물건을 획득하고 기존의 소유물을 보존하려는 행위. 이것이 정신을 지배하면 인색함이 된다. 쉽게 말해, '물욕'과 같다.

9. 건축 감각 : 형태, 부피, 역학에 대한 이해와 직관. 건축에 대한 재능. 기계를 이용하는 감각.

10. 자아존중감 : 자신의 가치를 판단과 관련된 감정. 자신감. 야심과 자만심의 핵심 조건으로 작용함.

11. 남의 의견에 무조건 동조하려는 병적 성향 : 타인을 칭송하려는 욕구. 남의 마음에 들려는 욕구. 야심의 핵심 요소이기도 하다. 과하면 신경과민과 질투심으로 치닫게 된다.

12. 신중함 : 조심성, 주의, 걱정과 관련된 본능. 미래에 닥칠 위험을 예측하여 대비하려는 심리에서 비롯된다.

13. 친절 : 온정과 자비의 감정. 철저히 타인을 향한 마음가짐으로 인간이 지닌 가장 비개인적인 성향이다.

14. 존경 : 존중과 공경의 감정. 종교적인 숭배의 감정을 일으키는 심리적 요소들 가운데 하나다.

15. 확고부동함 : 결연함이나 끈기와 연관된 본능. 지혜롭게 잘 쓰면 한 가지에 끝까지 매달리는 집념이 되지만 그렇지 않으면 고집이 된다.

16. 책임감 : 공정함과 정의를 추구하는 감정. 주어진 의무를 다하고 신의를 지키려는 본능.

17. 희망 : 기분 좋은 상상의 감정. 희망을 품은 사람은 소원을 성취하기 위해 노력할 것을 스스로 다짐하게 된다.

18. 경탄 : 초자연적이거나 논리를 초월하는 대상을 믿는 성향. 종교적, 시적, 예술적 감정의 핵심 요소다.

19. 상상 : 아름답고 이상적인 대상에 대해 갖는 감정. 예술적 상상력의 핵심 요소다.

19a : 미확인

20. 재치 : 기발한 말이나 유머를 적재적시에 순발력 있게 구사하는 재능. 대조와 대비 등의 수사법을 잘 이해하고 있어야 한다.

21. 모방 : 남의 몸짓, 행동, 기술 등을 똑같이 따라하는 능력.

22. 구별 : 대상들을 특징에 따라 구별하고 여럿 가운데 특출한 대상을 식별해내는 능력.

23. 형태 감각 : 사물의 윤곽과 형태를 인지하는 능력. 조형예술을 위시해 건축, 기계공학과 관련된 능력의 기본이 된다.

24. 면적 감각 : 거리와 크기를 인지하는 능력. '형상 인지'와 더불어 '기하학적 감각'의 양축을 이룬다.

25. 무게 감각 : 사물의 중력이나 평형, 질량을 인지하는 능력. 손재주의 필수 요소다.

26. 배색 감각 : 색깔 사이의 미묘한 차이를 인지하고 여러 색깔을 조화롭게 배열하는 감각.

27. 위치 감각 : 방향 감각과 장소 기억 등 물체의 상대적 위치를 파악하는 능력.

28. 수 감각 : 산수나 계산처럼 수를 다루는 능력. 소위 '수학 천재들'에게 발달되어 있다.

29. 정리 능력 : 유사한 것끼리 배열하는 능력. 물건을 질서정연하게 정리하려는 본능. 분류 능력의 핵심 요소.

30. 사건 파악 : 자신의 내외부에서 비롯된 일들을 인지하는 능력. 두 시점 사이에 변화된 점을 파악하는 능력.

31. 시간 감각 : 시간적 순서에 대한 이해. 두 사건 사이의 시간 경과 인지 그리고 리듬 감각.

32. 음감 : 소리의 인지와 기억. 음악적 재능의 기본이 된다.

33. 언어 능력 : 단어의 의미를 파악하여 단어에 나타난 생각, 감정에 연결시키는 능력. 언어 학습의 필수 요소로 작용한다.

34. 비교 : 유사점을 인지함. 여러 대상을 비교하고 일정 기준에 따라 분류하는 능력.

35. 인과관계 인지 : 원인과 결과의 관계에 대한 파악. 귀납 및 추론 능력. 어린이들이 '왜?'라는 질문을 하는 능력으로서 나중에 철학적 사유의 토대가 된다.

104
인명을 앗아가는 가장 위협적인 맹수들

2015년 잡지 〈Good〉은 사람을 가장 많이 죽이는 동물들을 발표했다. 사람도 포함되어 있다.

살인 동물	연간 사망자 수
상어	10명
늑대	10명
사자	100명
코끼리	100명
하마	500명
악어	1,000명
촌충	2,000명
체체파리	9,000명(수면병을 전파함)
침노린재	12,000명(샤가스병을 전파함)
개	40,000명

뱀	50,000명
회충(장내 기생충)	60,000명
민물 달팽이	100,000명(기생충병의 일종인 주혈흡충증住血吸蟲症을 전파함)
인간	475,000명(직접 살인을 함)
모기	725,000명(말라리아, 황열을 전파함)

해수면 상승

해수면 상승은 지구 온난화에 따른 대양의 열팽창(찬물보다 뜨거운 물의 부피가 더 커지는 원리)과 빙하의 용융 때문에 발생하는 현상으로, 지구 온난화의 폐해가 대단히 위협적임을 보여준다. IPCC(기후변화에 관한 정부간 협의체, Intergovernmental Panel on Climate Change)는 최악의 경우 2100년까지 해수면 높이가 82cm나 상승할 전망이며, 아무리 낙관적으로 봐도 최소 26cm는 높아질 것으로 경고하고 있다. 미 항공우주국은 향후 100~200년 안으로 해수면 1m 상승이 불가피하다고 한다. 해수면 상승은 폭풍우와 같은 기상재해를 초래하여 극심한 침수 현상으로 이어질 수도 있다. 다음은 물에 잠길 위기에 놓인 지역들이다.

바다를 면하고 있는 저지대 국가·도시

방글라데시

기후변화 연구자 단체인 클라이미트 센트럴은 물에 잠길 위험이 가장 큰 나라로 방글라데시를 꼽는다. 거대한 삼각주에 위치하며 북쪽으로는 히말라야산맥의 빙하 용해수, 남쪽으로는 인도양에 포위되어 있기 때문이다. 염분을 함유한 해수가 벌써 육지를 침범하기 시작해 농경지에 피해를 주고 있다. 인구 1,100만 명 이상이 거주하는 수도 다카는 2070년경 극심한 수몰 사태를 겪을 전망이다.

네덜란드

네덜란드는 인구의 절반 가까이가 해안 지역에 거주하며 국토의 4분의 1이 바다보다 낮다. 일찌감치 국토 보호 대책 마련에 고심해왔으며, 30년간 200억 유로를 출자해 200여 개의 제방을 보강하는 계획을 지난 2014년 발표했다. 이를 위해 수상가옥 건설안이 제시되어 긍정적인 호응을 얻기도 했다.

미국 케이프커내버럴

미국 플로리다주 연안에 자리한 도시로서, 1969년 최초의 달 착륙용 유인우주선 아폴로 11호가 발사되었다. 해수면 상승으로 침수 위기에 몰린 데다 설상가상으로 재앙 급의 허리케인까지 주기적으로 발생해 상황은 더욱 심각해지고 있다. 미 항공우주국은 케네디 우주센터Kennedy Space Center를 이전할 부지에 침수에도 끄떡없는 '인공

언덕'을 건설하고 있다.

중국 광둥성

인구 1270만의 도시 광둥성廣東省은 이미 홍수 피해를 입은 적이 있는 데다 해수면이 높아지면서 침수 위기에 내몰려 있다. 정부 당국은 침수 피해 방지책으로 제방 강화와 방파제 건설에 힘쓰고 있다.

미국 뉴올리언스

미시시피 삼각주에 자리 잡은 루이지애나주는 멕시코만의 영향으로 서서히 물에 잠기고 있다. 루이지애나주의 최대 도시 뉴올리언스는 영토의 절반가량이 해수면보다 낮아, 이런 추세라면 다음 세기에는 해수면이 1m 넘게 올라가 도시 전체가 물에 잠길지도 모른다. 아울러 지구 온난화의 영향으로 카트리나 같은 허리케인이 발생할 위험도 커지고 있다. 카트리나는 지난 2005년 뉴올리언스 면적의 80%를 침수시키고 1,800명의 인명을 앗아간 바 있다.

베트남 호치민 시

삼각주에 위치한 호치민도 정기적으로 홍수 피해를 보고 있다. 도시 인구가 지금처럼 계속 해안 저지대에 집중될 경우 21세기가 가기 전에 도시 면적의 3분의 2가 침수될 것으로 예상한다. 이미 토양의 염도가 증가하여 농사에 타격을 입고 있다.

코트디부아르 수도 아비장

아비장은 나이지리아의 라고스, 이집트의 알렉산드리아와 더불어 아프리카에서 해수면 상승 위험이 가장 큰 도시로 꼽힌다. 아비장 항만과 공항은 해수면보다 고작 1m 높은 지점에 있다. 22세기에 이르면 해안 지대의 562km² 정도가 물에 잠길 것으로 예측된다.

인도네시아 수도 자카르타

경제협력개발기구OECD는 지금부터 2070년까지 자카르타 지역의 해수면 상승에 따른 인명 피해를 200만 명 이상으로 예측했다(현재 집계된 인명 피해는 51만 3천 명). 자카르타는 최근 30년간 땅이 4m나 내려앉을 정도로 지반 침하가 급속도로 진행되고 있다. 도시 당국은 지반 침하율 억제책으로 맹그로브 습지 보전에 총력을 기울이고 있다. 습지는 물결이 높게 일렁이는 것을 막아주며 일종의 배수 펌프장 역할도 한다.

해발고도가 낮은 섬나라

키리바시

주민 11만 명 / 태평양

해수면보다 3m 낮은 위치에 있는 섬나라로, 32개에 이르는 작은 섬들이 벌써 물밑으로 사라졌다. 키리바시 대통령은 2014년 이웃나라 피지에 20km²의 토지를 매입했으며 2050년까지 국민을 이동시킬 계획이다. 기후상의 이유로 전 국민이 이동하는 최초의 나라가 될 것이다.

카트레트 제도

주민 2,600명 / 남태평양 파푸아뉴기니

격심한 조류가 해안을 침식시키고 전 영토를 잠식하여 삶의 터전을 파괴했다. 일부 주민은 타지로 피신했으며, 일부는 계속 남아 부족한 자원으로 근근이 살고 있다.

몰디브

주민 40만 명 / 인도양

영토의 80%가 해수면보다 최소 1m 아래에 있다. 해수면 상승이 가속화되면서 제도의 대부분이 사라진 상태며, 해안침식, 폭풍우, 홍수 등의 재해도 계속 발생하고 있다. 21세기 말경에는 총 1,200개 섬의 80%가 해저로 사라질 전망이다.

나우루

주민 9천 명 / 태평양 미크로네시아 연방

코스라에

주민 7천 명 / 태평양 미크로네시아 연방

마셜 제도

주민 5만 4,800명 / 태평양 미크로네시아 연방

솔로몬 제도

주민 55만 명 / 태평양 멜라네시아 군도

투발루

주민 1만 명 / 태평양 폴리네시아 군도

토켈라우

주민 1,400명 / 태평양 뉴질랜드

106
천문 관측 사상 최대 규모의 행성계

2016년 천문학자들이 태양계 외부의 어떤 행성계에 존재하는 외계 행성과 항성 사이의 거리를 측정했더니 지구-태양 거리의 7천 배에 달하는 1조km였다. 그 외계 행성은 중심별로 보이는 항성으로부터 굉장히 멀리 떨어진 까닭에, 그 전까지는 항성 없이 홀로 떠도는 '떠돌이 행성'으로 알려져 있었다. 이 외계 행성은 항성 주위를 한 번 도는 데 무려 90만 년이 걸리며, 현재까지 발견된 행성 가운데 가장 크다.

제9 행성

수십 년 전부터 천문학자들은 태양계 8번째 행성인 해왕성 너머에 9번째 행성인 '행성 X'가 있으리라 가정하고 탐색에 주력해왔다. 그 후 명왕성이 발견되어 오랫동안 행성 X의 자격을 누리다가 다시금 왜소행성으로 분류되면서 그 지위를 박탈당했다. 2016년 초 행성 X를 발견했다는 주장이 나왔는데, 태양계 제9 행성에 얽힌 진실을 자세히 살펴보자.

제9 행성, 아직 '발견' 못 했다

그 어떤 천문관측기구도 아직 제9 행성을 '발견'하지 못했다. 다만 캘리포니아 공과대학교 연구진의 예측(매우 신빙성 높음)에 따라 그 존재 가능성이 설득력을 얻고 있을 뿐이다. 연구진은 그 근거로 태양계 가장자리에서 타원형 궤도로 회전하는 왜소행성들이 관측되었다는 점을 제시했다. 1846년 해왕성을 발견할 때도 이 같은 타원형 궤도를 보고 예측했다.

제9 행성은 암석 행성이 아닐 것이다

제9 행성이 존재한다면 그 부피가 지구의 10배에 달할 것이다. 이러한 까닭에 존재하더라도 당연히 가스 행성일 수밖에 없다. 이론상 비교해도 암석 행성의 지름이 지구 지름의 2배를 초과할 수 없다.

제9 행성은 지구에서 57년 거리에 있다

제9 행성은 지구에서 300억km 정도 떨어져 있다. 보이저1호 (17km/s)처럼 빠른 우주탐사선을 타고 2016년에 출발한다면 2073년이 되어서야 도달하는 거리다.

2018년에 만날 것을 기약하며

2018년이면 허블 우주망원경의 후속으로 제임스 웹 우주망원경이 지구에서 멀리 떨어진 천체들을 관측하게 된다. 아마도 제9 행성은 픽셀 단위의 미세한 광원 물질의 형태로 보일 것이다.

학문 분류 2

- **해부학과 의학**(인체 대상 의학이 중심, 수의학도 포함)
  - 형태학 : 생물체의 형태와 구조를 연구하는 학문
  - 생리학 : 생물체의 기능을 연구하는 학문
    - 전기생리학 : 체내의 전기 현상을 연구하는 학문
  - 기형학 : 생물체의 해부학적 이상을 연구하는 학문
  - 신경학 : 신경계통을 다루는 의학 · 해부학 분야
  - 안과학 : 눈目을 다루는 의학 · 해부학 분야
  - 이과학 : 귀를 다루는 의학 · 해부학

- 청각학 : 청각을 다루는 의학 · 해부학 분야

- 비과학 : 코를 다루는 의학 · 해부학 분야

- 후두학 : 목을 다루는 의학 · 해부학 분야

- 구강학 : 구강을 다루는 의학 · 해부학 분야

- 치과학 : 치아를 다루는 의학 · 해부학 분야

- 폐장학 : 폐를 다루는 의학 · 해부학 분야

- 심장학 : 심장을 다루는 의학 · 해부학 분야

- 심장박동학 : 심장박동을 다루는 의학 · 해부학 분야

- 내장학 : 내장기관을 다루는 의학 · 해부학 분야

  - 소화기학 : 소화계통을 다루는 의학 · 해부학 분야

    - 창자학 : 창자를 다루는 의학 · 해부학 분야

    - 위장학 : 위를 다루는 의학 · 해부학 분야

    - 항문학 : 항문과 직장을 다루는 의학 · 해부학 분야

  - 간장학 : 간을 다루는 의학 · 해부학 분야

  - 비장학 : 비장지라을 연구하는 학문

  - 비뇨기학 : 비뇨기를 다루는 의학 · 해부학 분야

  - 신장학 : 콩팥을 다루는 의학 · 해부학 분야

- 족학 : 발을 다루는 의학 · 해부학 분야

- 조직학 : 세포조직과 그 구조를 연구하는 학문

- 근육학 : 근육을 다루는 의학 · 해부학 분야

- 골학 : 뼈를 다루는 의학 · 해부학 분야

- 관절학 : 관절을 다루는 의학 · 해부학 분야

  - 인대학 : 인대를 다루는 의학 · 해부학 분야

- 연골학 : 연골을 다루는 의학 · 해부학 분야

- 혈액학 : 혈액과 림프를 다루는 의학 · 해부학 분야

- 림프학 : 림프계통을 다루는 의학 · 해부학 분야

- 맥관학 : 맥관(혈관과 림프관-옮긴이)을 다루는 의학 · 해부학 분야

  - 정맥학 : 정맥을 다루는 의학 · 해부학 분야

- 피부학 : 피부를 다루는 의학 · 해부학 분야

  - 모발학 : 털과 모발을 연구하는 학문

- 임상지질학 : 지방 성분을 연구하는 학문

- 감각학 : 감각기관을 연구하는 학문

- 신체운동학 : 신체운동을 연구하는 학문

- 통증치료학 : 통증 치료를 다루는 의학 분야

- 내분비학 : 호르몬을 다루는 의학 · 해부학 분야

  - 당뇨병학 : 당뇨병을 다루는 의학 · 해부학 분야

- 면역학 : 면역계통을 다루는 의학 · 해부학 분야

- 병리학 : 질병을 연구하는 학문

  - 질병분류학 : 질병을 분류, 체계화하는 학문

  - 해부병리학 : 생리적 이상을 연구하는 학문

  - 병인학 : 병의 원인을 연구하는 학문

  - 생리병리학 : 병의 원리와 구조를 연구하는 학문

- 전염병학 : 전염병을 연구하는 학문
    - 성병학 : 전염성 성병을 다루는 의학 분야
    - 류마티스학 : 뼈 · 관절 · 근육 · 힘줄 · 인대 관련 질병을 다루는 의학 분야
- 종양학 : 암과 악성종양을 다루는 의학 분야
- 말라리아학 : 말라리아를 다루는 의학 분야
- 역학 : 유행병을 다루는 의학 분야
    - 바이러스학 : 바이러스를 다루는 의학 분야
    - 약리학 : 약물과 그 용법을 연구하는 학문
- 약용량학 : 약물의 복용량을 연구하는 학문
- 백신학 : 백신을 연구하는 학문
- 정신약리학 : 향정신성 약물을 연구하는 학문
- 독물학 : 독물을 연구하는 학문
- 기형학 : 생물의 해부학적 이상을 연구하는 학문
- 부인과학 : 여성의 생식기 관련 질환을 연구하는 학문
    - 유방학 : 유방을 다루는 의학 · 해부학 분야
- 남성의학 : 남성의 인체생리를 다루는 의학 · 해부학 분야
    - 정액학 : 정액을 다루는 의학 · 해부학 분야
- 발생학 : 태아의 배胚를 다루는 의학 · 해부학 분야
- 신생아학 : 신생아를 다루는 의학 · 해부학 분야

데이터

2011년 한 해 동안 전 세계에서 디지털화된 정보의 총량은 10^{21} 바이트, 다시 말해 '숫자 1 뒤에 0이 21개나 붙는 바이트'에 달했다. 2013년에는 그 양이 4.4배나 증가했다. 이런 추세라면 2020년 인류는 컴퓨터, 태블릿PC, 스마트폰, 손목시계, 안경, 냉장고, 자동차를 비롯한 인터넷 연결기기에 44제타바이트^{ZB}, 즉 44×10^{21}바이트에 육박하는 정보를 저장하게 될 것이다.

소리를 측정하는 단위

소리의 세기는 어떤 단위로 측정할까? 소리는 공기 중의 진동이므로 압력의 단위인 파스칼^{Pa}로 나타낸다. 대체로 사람의 귀는 20마이크로 파스칼^{micropascal}(청취 가능한 최소 크기)부터 20Pa(고통으로 느껴지는 크기)까지 들을 수 있다. 그런데 파스칼은 우리가 실제 들을 수 있는 소리 범위와 상당한 차이가 있어서 유용하지 못하다. 음향 전문가들은 사람의 청취 음역대에 맞춰 범위가 훨씬 좁으면서 세분화된 데시벨^{dB} 단위로 소리의 세기를 비교한다. 여기서 유의할 점은 데시벨이 로그함수의 단위이므로 십진법으로 표현할 수 없다는 점이다.

예컨대 소리의 세기가 2배로 커지면 3dB을 더해야 한다. 60dB짜리 식기세척기가 두 대가 있으면 120dB이 아니라 63dB이다.

(단위 : dB)

10~20	숨소리
20~30	속삭임, 나뭇잎 바스락거리는 소리
30~40	냉장고 돌아가는 소리, 도서관에서 나는 소리
40~50	빗소리, 조용한 사무실
50~60	식기세척기 돌아가는 소리
60~70	대화, 텔레비전 수상기, 자동차 내부, 전화 울리는 소리
70~80	자명종, 헤어드라이어, 진공청소기, 세탁기 탈수하는 소리
80~90	시끄러운 식당, 지하철 내부
85	**여기서부터 청력에 위협을 가하기 시작함. 이 정도로 센소리에 장기간 반복적으로 노출될 경우 청각장애를 유발할 수 있음.**
90~100	개 짖는 소리, 통행량이 아주 많은 도로, 자동차 가속페달 밟는 소리
100~110	자동차 경적, 굴착기, 영화관, 교향악단 연주, 아기 울음소리
110~120	축구경기, 록 콘서트, 나이트클럽
120~130	구급차 사이렌, 천둥
120	**여기서부터 고통을 동반하기 시작함.**
130~140	자동차 경주 포뮬러 원, 비행기 이륙
140~150	공 터지는 소리
160~170	고래 노랫소리, 불꽃놀이, 총기 발사
190	로켓 발사
190	**여기서부터 심장박동정지에 의한 사망을 초래할 수 있음.**
210	1톤급 TNT 폭약의 폭발
235	지진 규모가 5 리히터 이상인 지진

우주 공간에서 핀 최초의 꽃

　2016년 초 국제우주정거장International Space Station, ISS에서 꽃 한 송이가 피었다. 화려한 주홍빛 꽃잎을 뽐내는 자그마한 식용 백일홍이었다. 2014년 미 항공우주국에서 '베지Veggie 프로젝트'로 채소생산시스템을 가동한 직후 우주비행사들이 손수 수확했던 상추처럼, 그 후 연이어 재배에 성공한 여러 채소처럼 백일홍 역시 탐스럽게 개화한 것이다. 베지 프로젝트는 우주 공간에서 장기간 미션을 수행해야 하는 우주비행사들의 균형 있는 영양 섭취를 위해 개발된 기술이다. 더 근본적인 목표는 앞으로 진행될 '화성 탐사'에 대비하는 것이다.

후천성면역결핍증후군, 에이즈

　HIV(인간면역결핍바이러스)에 감염되어 에이즈AIDS에 걸린 세계 인구가 3400만 명(2011년 기준)에 이르렀다. 지난 30년간 에이즈로 3천만 명이 희생되었다.

남성과 여성의 오르가슴 비교

	남성	여성
도달하기까지 걸리는 시간	몇 분, 심지어 몇 초 만에 충분히 도달함.	남성보다 오래 걸림. 성의학자 윌리엄 하트만William E. Hartman과 매릴린 피시언Marilyn A. Fithian의 연구 결과에 따르면 평균 21분이 필요하다.
세기	부부 성의학자 윌리엄 매스터스William Masters와 버지니아 존슨Virginia Johnson은 여성이 남성보다 오르가슴을 8~10배 정도 강하게 느낀다고 추정함.	
지속 시간	평균 6초	평균 20초. 생리학자 로이 레빈Roy Levin이 제시한 수치.
심장박동	1분당 120~130회	1분당 150~160회
반복 가능 횟수	1시간당 16번의 오르가슴	1시간당 134번의 오르가슴 (하트만과 피시언의 연구 결과에 보고된 최다 횟수)

생물의 대멸종

엄밀한 의미에서 '생물의 대멸종'이란 각각의 지질시대에서 지구 상에 존재하는 생물 종의 75%가량이 절멸하는 것을 말한다. 지구에 생명체가 출현한 이래 생물의 멸종이 총 24번 있었다고 보면, 그중 5번은 실로 대규모의 멸종이었다. 현재 우리 인류는 6번째 대멸종이 도래할 위기에 직면해 있다.

고생대 오르도비스기 - 실루리아기의 멸종

시기 : 4억 3900만 년 전

오르도비스기 후기에도 지구상의 생명체는 여전히 해양에 집중되어 있었다. 빙하가 형성되자 해수면이 하강하여 해양생물 종의 25%가 사라졌다. 실루리아기가 시작될 무렵 해수면이 다시 상승하기 시작했다.

고생대 데본기의 멸종

시기 : 3억 6500만 년 전

데본기에 대대적 멸종이 진행된 원인은 밝혀지지 않았다. 해양생물의 22%가 사라졌고, 양서류도 예외는 아니었다. 이 시기의 육상생물에 관해서는 거의 알려지지 않았다.

고생대 페름기 - 중생대 트라이아스기의 멸종

시기 : 2억 5200만 년 전

지구상에서 가장 큰 규모의 생물 멸종 시기였다. 시베리아 화산 폭발로 대기 중의 메탄이 증가한 것을 원인으로 추정한다. 전체 생물 종의 90%가 멸종했으며 특히 육상생물(식물, 곤충, 척추동물)은

70%나 절멸했다. 이 시기에 갓 출현했던 파충류는 90종 가운데 89종이 사라졌다.

중생대 트라이아스기 - 중생대 쥐라기의 멸종

시기 : 1억 9900만 년 ~ 2억 1400만 년 전

대서양 한복판의 마그마 지대에서 거대한 용암류가 생성되어 화산 폭발이 일어난 것을 원인으로 추정한다. 이를 통해 원시대륙 '판게아'가 형성되었고, 지구가 극도로 뜨거워져 생물의 파멸을 불렀다. 특히 해양생물에 미친 영향이 막대했으며(전체 종의 52% 멸종), 파충류와 공룡, 최초의 포유류도 많이 희생되었다.

중생대 백악기 - 신생대 제3기의 멸종

시기 : 6500만 년 전

지구 생물의 멸종에 관하여 가장 많이 언급되는 지질시대로, 해양·육상 생물종의 최소 70%가 무참히 절멸했다. 파충류와 포유류 종이 현격히 감소했으며, 공룡은 단 한 종도 살아남지 못했다. 지름 10~20km에 달하는 상당한 운석(소행성)이 강타한 것으로 추측된다. 이로 인해 오늘날 멕시코 유카탄반도 인근 지역에 엄청난 규모의 '칙술루브 크레이터Chicxulub crater'가 만들어졌으며, 그 충돌을 멸종을 초래하고 가속화시킨 요인으로 추정한다. 한편, 일부 학자들은 운석 낙하 전후에 인도에서 거대한 화산 폭발이 일어난 것도 요인 중 하나였다고 주장했다. 이 주장이 과거에는 설득력을 얻지 못했으나

오늘날에는 점점 주목받고 있다. 운석 충돌에 화산 폭발이 가세하여 온 천지가 화산재와 화산가스로 뒤덮였으며, 그 결과 지구의 기후가 급격히 변화되었을 것이다.

신생대 제4기 홀로세는?

시기 : 현세

지구는 다름 아닌 인류의 몰지각한 행위로 여섯 번째 대멸종을 눈앞에 두고 있다. 인간의 잘못 때문에 멸종하는 생물 종이 자연사하는 생물 종의 100~1,000배에 이르는 실정이다. 2015년 기준 조류 8종 중 1종, 포유류 4종 중 1종, 양서류 3종 중 1종을 비롯해 식물 종의 70%가 멸종 위기에 내몰렸다. 여섯 번째 생물 대멸종은 '털북숭이 매머드'와 같은 선사시대 대형 포유류의 절멸을 기점으로 시작됐으며, 1950년대부터 그 속도가 급격히 빨라지고 있다. 20세기에는 2만~200만 생물 종이 절멸하고 말았다.

115

대칭은 자연의 섭리

대칭(그리스어로 summetria, 완벽한 균형)은 생명이 숨 쉬는 모든 곳에 존재한다. 대표적으로 사람의 얼굴이 대칭이다. 벌집의 격자무늬는 놀랍도록 규칙적이며, 척추동물의 몸도 좌우대칭이다. 또 식물체는 원형의 방사상 구조로 배열되어 있다. 인간은 늘 좌우 대칭을 이루는 대상에 매료되어 왔고, 과학과 예술의 핵심이 곧 대칭과 균형이었던 만큼 인류사의 줄기에는 자연 속의 대칭을 발견해온 내력이 새겨져 있다. 예를 들어 '밀로의 비너스' 조각상은 대칭을 포착하는 데 주요한 안목을 열어주었다.

1820년 이 조각상이 그리스에서 파리로 건너왔을 때 뜻밖에도 사람들의 반응은 시큰둥했다고 한다. 어느 독일 의사가 해부학적 지식에 비춰 조각상의 여자 모델을 관찰해보니 몸의 대칭이 잘 맞지 않고 뒤틀려 있어 아무래도 육체노동을 많이 한 시골 아낙으로 추측했기 때문이었다. 이러한 해석은 미술사 저변에 엄청난 반향을 일으켰으며, 이를 시작으로 인간과 생명체의 대칭에 관한 연구가 잇달아 전개되었다. 일련의 연구에서 얻은 결론은, 대칭이 생명체의 시작이자 끝이며, 생명체의 완성도를 결정하는 기준이며, 대칭이 어긋난 생명체는 환경 적응에 불리하다는 점이었다. 예를 들어 경주용 말과 개들을 연구했더니 골격의 대칭 상태가 우수할수록 승률도 높아진다는 사실이 밝혀졌다. 참새목인 찌르레기 역시 몸의 좌우 깃털 수가 조금이라도 다른 새는 똑같은 새보다 나는 실력이 뒤처진다고 한다. 파리도 날개가 비대칭일수록 새들에게 더 쉽게 잡아먹히고, 애벌레도 발이 비대칭일수록 수명이 짧다. 꽃들도 대칭이 완벽할수록 더 많은 벌이 모여든다. 즉 균형은 생물의 생존을 위한 투쟁과 종의 영속성을 이해하는 열쇠라고 할 수 있다.

생명체는 '배'가 형성되는 시점부터 세포 성장이 안정적으로 이뤄져야 대칭과 균형을 이룬다. 그런데 수많은 환경 요인(영양의 질, 더위와 추위, 소음, 방사선 및 자외선 노출, 기생충, 질병)이 세포의 성장을 방해한다. 인류도 예외가 아니다. 알코올 중독 여성에게서 태어난 아이들을 보면 임신 중 알코올 섭취가 전혀 없었던 여성에게서 태어난 아이들보다 양손의 지문이 훨씬 비대칭적이라고 한다. 생물학적으로 설명해보면(사람의 경우 더욱 명료하게 드러남) 상대의 멋짐과 아름다움을 평가할 때도 대칭이 중요한 평가 기준으로 작용한다. 우리는 생물학적으로 인류라는 종의 일원으로서 자손 번식을 성공적으로 수행해야 하므로, 후세를 함께 낳을 멋지고 아름다운 배우자를 선택할 때 몸의 좌우가 대칭을 이루는 강인하고 건강한 상대에 본능적으로 이끌리게 된다.

참고로 인간이 진화의 끝에 털을 잃게 된 것도 바로 건강한 상대를 선호하는 데서 비롯되었다. 남자든 여자든 털이 없다는 것은 기생충이나 많은 나쁜 균에 오염되지 않고 건강하다는 방증이기 때문이다. 결국 좌우 대칭과 균형을 이룬 사람이 건강한 사람이고 자녀를 낳기 위한 신체 조건도 '우월'하다는 뜻이므로 배우자를 고를 때도 우선적으로 선택된다. 그나마 다행인 것은 인간이 고도로 복잡한 피조물이라서 단순히 얼굴이나 외모만 보고 상대를 평가하지 않는다는 점이다. 그런데 인체 내부기관들은 왜 좌우 비대칭으로 배열되어 있을까. 여전히 풀리지 않는 수수께끼다.

116

세계 최장신 나무

미국 캘리포니아 레드우드 국립공원 한쪽에는 땅에서 꼭대기까지의 높이가 115.55m에 이르는 장대한 나무 한 그루가 우뚝 솟아 있다. 에펠탑 2층 높이와 맞먹는 수준인 이 나무는 낙우송과의 상록 교목인 '세쿼이아^{sequoia}(아메리카 삼나무)'종으로 그리스 신화 속 거인의 이름을 따 하이페리온^{Hyperion}으로 명명되었다. 소수의 연구진이 2006년 처음 발견했는데, 왜 일반에는 자세한 위치를 공개하지 않았을까? 뿌리가 거의 없는 나무라서 지표에 밀접한 최상층부 토양에서 물을 빨아들이기 때문에, 물밀 듯이 들어오는 공원 방문객들이 나무 주위를 밟고 다니며 토양에 과도한 하중을 가하면 나무가 흡수해야 할 물이 다른 곳으로 흘러갈 수 있고, 생태계까지 훼손될 수 있다는 설명이다. 세심한 주의가 필요한 나무다.

117

새끼 기린

- 어미 기린의 임신 기간 : 15개월

- 새끼를 낳는 자세 : 서서

- 어미의 자궁에서 땅까지의 평균 거리 : 2m

- 서서 새끼를 낳아 위험한 점 : 새끼가 땅에 떨어져 목이 골절될
  수 있음.
- 한 번에 낳는 새끼 수 : 한 번에 한 마리, 예외로 두 마리를 낳기
  도 함.
- 새끼의 출생 시 키 : 2m
- 새끼의 출생 시 몸무게 : 40~80kg
- 성장 발육 : 생후 1년간 1m 성장. 생후 6개월 무렵 3m에 육박함.
  성인기인 7세 때는 최소 5m에 도달함.
- 새끼 기린을 잡아먹는 맹수들 : 하이에나, 사자, 악어. 생후 1년
  안에 잡아먹혀 죽을 확률이 50~70%에 달함.

118
국가별 기대수명

2015년 세계보건기구WHO 공식 집계 자료

	국가	기대 수명		국가	기대 수명
1	모나코	87.2세	2	일본	84.6세
3	안도라	84.2세	4	싱가포르	84세
5	홍콩	83.8세	6	산마리노	83.5세
7	아이슬란드	83.3세	8	이탈리아	83.1세
9	스웨덴	83세	10	오스트레일리아	83세

11	스위스	82.8세	12	캐나다	82.5세
13	스페인	82.3세	14	프랑스	82.3세
15	이스라엘	82.1세	16	룩셈부르크	82세
17	노르웨이	81.9세	18	뉴질랜드	81.7세
19	오스트리아	81.5세	20	네덜란드	81.5세
21	아일랜드	81.4세	22	키프로스	81.2세
23	핀란드	81세	24	독일	81세
25	그리스	81세	26	대한민국	81세
27	몰타	81세	28	벨기에	81세
29	영국	81세	30	리히텐슈타인	80.7세
31	타이완	80.6세	32	포르투갈	80세
33	슬로베니아	80세	34	코스타리카	79.8세
35	미국	79.8세	36	칠레	79.5세
37	덴마크	79.5세	38	쿠바	79.4세
39	레바논	79.4세	40	아랍에미리트	79.2세
41	브루나이	79세	42	바베이도스	78.5세
43	쿠웨이트	78.2세	44	체코공화국	78세
45	파나마	77.8세	46	폴란드	77.5세
47	크로아티아	77.5세	48	우루과이	77.3세
49	멕시코	77.2세	50	몰디브	77.2세
51	바레인	77세	52	벨리즈	76.9세
53	슬로바키아	76.8세	54	바하마	76.5세
55	그레나다	76.5세	56	브라질	76.2세
57	에스토니아	76.1세	58	에콰도르	76세
59	아르헨티나	76세	60	세인트빈센트 그레나딘	76세
61	오만	76세	62	보스니아 헤르체코비나	76세

63	중국	76세	64	리투아니아	75.9세
65	앤티가바부다	75.8세	66	말레이시아	75.7세
67	세인트루시아	75.5세	68	카타르	75.5세
69	모리셔스	75.2세	70	세인트키츠네비스	75.1세
71	베트남	75세	72	헝가리	75세
73	베네수엘라	75세	74	마케도니아	75세
75	시리아	75세	76	태국	74.9세
77	트리니다드토바고	74.8세	78	세이셸	74.7세
79	스리랑카	74.7세	80	파라과이	74.7세
81	페루	74.7세	82	살바도르	74.6세
83	요르단	74.6세	84	콜롬비아	74.6세
85	통가	74.5세	86	카보베르데	74.5세
87	라트비아	74.5세	88	니카라과	74.5세
89	리비아	74.5세	90	그루지야	74.5세
91	튀니지	74.5세	92	몬테네그로	74.5세
93	불가리아	74.5세	94	수리남	74.5세
95	아르메니아	74.4세	96	사우디아라비아	74.3세
97	사모아	74세	98	팔라우	74세
99	루마니아	74세	100	온두라스	74세
101	알바니아	74세	102	세르비아	74세
103	자메이카	74.8세	104	이란	73.5세
105	마셜제도	73.5세	106	알제리	73.3세
107	도미니카공화국	73.3세	108	이집트	73.2세
109	피지	73세	110	필리핀	73세
111	솔로몬제도	73세	112	나우루	73세
113	모로코	73세	114	벨라루스	72.5세
115	인도네시아	72세	116	상투메프린시페	72세
117	바누아투	72세	118	아제르바이잔	71.5세

119	과테말라	71.5세	120	우크라이나	71세
121	몰도바	71세	122	러시아	70.5세
123	부탄	70.8세	124	가이아나	70.5세
125	미크로네시아연방	70세	126	방글라데시	70세
127	키르기스스탄	69세	128	이라크	68.5세
129	북한	69세	130	네팔	69세
131	몽골	69세	132	볼리비아	69세
133	우즈베키스탄	68.5세	134	라오스	68세
135	미얀마	68세	136	카자흐스탄	68세
137	코모로	68세	138	키리바시	68세
139	타지키스탄	68세	140	파푸아뉴기니	67.5세
141	나미비아	67.2세	142	파키스탄	67세
143	투르크메니스탄	66.5세	144	캄보디아	66세
145	가나	66세	146	마다가스카르	66세
147	보츠와나	66세	148	인도	65세
149	가봉	64세	150	예멘	64세
151	동티모르	64세	152	세네갈	64세
153	아이티	63세	154	수단	63세
155	에리트레아	61.5세	156	카메룬	61.5세
157	남아프리카공화국	61세	158	지부티	61세
159	에티오피아	60.5세	160	케냐	60세
161	르완다	60세	162	아프가니스탄	60세
163	모리타니	59.5세	164	라이베리아	59세
165	탄자니아	59세	166	베냉	59세
167	감비아	59세	168	말라위	58세
169	콩고	58세	170	토고	57세
171	부르키나파소	56.5세	172	코트디부아르	56.5세
173	우간다	56세	174	니제르	56세

175	잠비아	55.5세	176	기니	55세
177	적도기니	54	178	짐바브웨	54세
179	부룬디	53세	180	나이지리아	53세
181	모잠비크	52.5세	182	앙골라	52세
183	차드	51세	184	말리	51세
185	레소토	51세	186	기니비사우	50세
187	스와질란드	50세	188	소말리아	50세
189	콩고민주공화국	49.5세	190	중앙아프리카공화국	48.5세
191	시에라리온	47.5세			

인구통계학 전문가들은 2003년 선진국에서 출생한 여아 2명 가운데 1명의 수명이 100세를 넘길 것으로 추정하고 있다. 1900년 이후 프랑스 인구의 평균수명이 남녀 모두 25세 늘어났다. 시간으로 환산하면 21만 9천 시간이 늘어난 것이다. 19세기에는 프랑스 국민 1인당 근로 시간이 '깨어 있는 시간(하루 중 수면시간을 제외한 시간 — 옮긴이)'의 70%를 차지한 반면, 오늘날은 14%를 차지하고 있다.

IQ 유전율

IQ$^{Intelligence\ Quotient}$(지능지수)는 개인별 지능 발달 정도를 비교하는 수치로, 20세기 초에 처음으로 테스트가 시행되었다. IQ 테스트는 검사 대상자에 관한 극히 일부분만 평가하므로 맹신하기보다는 경계할 필요가 있다. 더구나 IQ 측정을 위한 완벽한 기술도 없고 테스트 종류도 무척 많다 보니 테스트마다 매우 다른 결과가 나오기도 한다. 이 점에 유의하여, IQ 결과를 활용할 때는 같은 테스트를 받은 개인들만 비교해 참고하는 것이 좋다.

미국 피츠버그 대학교 연구팀은 이러한 방법을 적용해 가족 구성원들의 IQ 사이에 어떠한 상관관계가 있는지 조사했다. 지능이 유전적 방식으로 대물림된다는 점을 밝히려는 의도가 아니었다. 지능이 유전이라는 우발적 변수의 영향을 받기도 하지만 어떠한 교육을 받았고, 가정환경에서 어떠한 자극을 받았는지와 연관되어 있음을 입증하기 위해서였다. 이들의 연구는 2012년 과학 잡지 〈네이처〉에 발표되었으며, 지능에 관한 가장 권위 있는 연구로 인정받고 있다. 연구 결과는 다음과 같다.

가족관계	IQ 상관관계*
함께 자란 일란성쌍둥이	0.85
따로 자란 일란성쌍둥이	0.74
함께 자란 이란성쌍둥이	0.59
함께 자란 남매	0.46
아이와 부모(양쪽의 평균값)	0.50
함께 사는 미혼부(또는 미혼모)와 아이	0.41
따로 사는 미혼부(또는 미혼모)와 아이	0.24
함께 사는 양부(또는 양모)와 아이	0.20
남편과 아내	0.33

*상관계수의 범위는 -1.0 ~ +1.0이며 숫자의 절댓값이 클수록 관련성이 크다 ― 옮긴이

우주여행을 떠난 동물들

1783년 프랑스의 몽골피에 형제가 자신들이 발명한 열기구에 오리, 수탉, 양을 태워 하늘로 띄워 올린 이래, 우주 정복의 진정한 기수로 앞장섰던 것은 사람이 아닌 동물들이었다. 우주여행 실험에 사용되었던 네 발 달린 우주여행자들이 있었고, 그들의 운명은 불행했다. (각각의 동물은 이름, 종, 출생국가, 우주여행업적의 순으로 설명되어 있다.)

이름 없음

지중해광대파리, 미국

역사상 최초로 우주여행에 성공한 곤충은 지중해광대파리 종의 파리였다. 제2차 세계대전 중 독일군이 개발, 사용했던 장거리 미사일을 전쟁이 끝나고 미군이 입수해 우주 미션 수행용 'V2 우주로켓'으로 개조했는데 바로 여기에 탑승했다. 1947년 2월 20일 V2 로켓은 이 파리 떼를 태우고 미국 뉴멕시코 사막에서 발사되어, 고도 109km까지 도달했다가 파리들을 지상으로 무사 귀환시켰다.

앨버트 1세, 2세, 3세, 4세

앨버트 3세는 필리핀원숭이, 나머지는 히말라야원숭이, 미국

미국은 점차 인간에 가장 가까운 원숭이들을 우주여행 실험 대상으로 선정해 사용했다. 1949년 6월 14일 앨버트 2세는 지구 대기권을 벗어난 최초의 영장류로 이름을 올렸지만, 앨버트 1세는 고도 60km를 넘기지 못하고 숨졌다. 앨버트 1세는 비행 중 질식사했고, 앨버트 3세는 타고 있던 V2 로켓이 발사 후 폭발하면서 숨졌다. 앨버트 2세와 4세는 지상 복귀용 낙하산의 오작동으로 추락사했다. 결국, 네 마리 모두 비극적 결말을 맞았다.

앨버트 5세

생쥐, 미국

앨버트 시리즈의 막내는 생쥐였다. 앨버트 5세는 1950년 8월 31일 열권 진입에 성공한 최초의 설치류로 기록되었다. 하지만 탑승했던 V2 로켓이 낙하 장치의 결함으로 폭발하여 최후를 맞고 말았다. 앨버트 5세는 V2 로켓을 타고 여행한 마지막 동물이다.

데지크와 찌간

암캐, 소비에트연방

소련은 우주여행의 실험 대상으로 개를, 불편한 환경에서도 가장 잘 견딘다는 들개를 선발했다. 더 정확히 말하면 암캐였다. 이는 암컷은 성질이 온순한 데다 오줌을 눌 때 다리를 들 필요가 없는 점이 우주선 선미의 협소한 공간에서 지내는 데 최적의 조건으로 꼽혔기 때문이다. 1951년 7월 22일 데지크와 찌간, 이 두 암캐는 로켓에 몸을 싣고 지표로부터 110km 이상 고공으로 올라갔다가 무사히 돌아왔다. 성공한 러시아는 '앨버트 1~5세'의 희생을 봐야 했던 미국에

맞서 기세가 등등해졌다. 하지만 데지크는 2차로 떠난 우주여행에서 생존해 귀환하지 못했다. 찌간은 소련 우주미션에 참여했던 어느 우주 물리학자에게 입양되었다.

요릭

원숭이, 미국

1951년 9월 20일 생쥐 열한 마리와 함께 초고층 대기 연구용으로 개발된 초소형 로켓 에어로비호에 탑승했다. 생쥐들은 지상으로 안전하게 복귀했으나, 요릭은 착륙 2시간 후 숨지고 말았다. 우주 비행 시간 중에는 살아남은 최초의 원숭이로 기록되었다.

라이카

암캐, 소비에트연방

유리 가가린이 우주 비행을 떠나기 4년 전인 1957년 11월 3일 인공위성 스푸트니크 2호가 라이카를 태우고 우주로 떠났다. 라이카는 우주 궤도(고도 2,000km)에 진입한 최초의 생명체였다. 라이카 이전에 발탁된 동물들도 높이 올라가서 일반 항공기의 운항 고도보다 10배 높은 데까지 가기는 했으나 대기권을 초과하는 정도에 그쳤다.

라이카는 원래 러시아 모스크바 길거리를 떠돌던 유기견이었다. 러시아 과학자들이 데려가 우주견으로 훈련시키면서 '털북숭이'란 뜻의 쿠드랴프카로 불리기도 했다. 하지만 다른 나라 사람에게는 발음이 어려웠던 까닭에 '작은 멍멍이'라는 뜻의 라이카로 최종 결정되었다.

　우주 비행 훈련을 받은 개는 라이카 외에 알비나와 무슈카라는 암캐 두 마리가 더 있었지만 최종 테스트에서 라이카로 결정되었다. 스푸트니크 2호는 지구 귀환 예정이 없었기에, 라이카는 비행 시작과 동시에 시한부 처지가 되었다. 소련에서 라이카의 최후에 관해 밝힌 내용과 달리, 라이카가 아무 고통 없이 숨을 거둔 건 아니었다. 소련 측 보도에 따르면 우주 궤도에 진입한 후 완벽히 잘 적응했으며 우주 공간에서 나흘을 보냈을 즈음 안락사용 독이 든 사료를 먹고 평온히 눈을 감았다고 알려졌다. 하지만 당시 우주 미션에 참여했던 과학자 중 한 명이 2002년 진실을 폭로했다. 라이카는 발사 후 5시간 만에 스트레스가 최고조에 이르렀고, 추진 장치 과열로 인해 위성 내부 밀폐실이 급격히 뜨거워지면서 고통에 시달리다 숨이 끊어졌다는 것이다. 우주선에서 라이카가 타고 있던 캡슐형 밀폐실은 지구 둘레를 2,750번 회전한 후 1958년 4월 14일 카리브해 앤틸리스 제도 상공에서 공중 분해되었다. 2008년 모스크바 정부는 우주에서 순교한 이 작은 생명을 애도하기 위해 기념비를 세웠다.

미스 에이블과 미스 베이커

히말라야원숭이와 중남미산 작은 원숭이, 미국

　이 두 원숭이는 1959년 5월 28일 미국 플로리다주에서 주피터호를 타고 우주로 날아갔다. 고도 579km 지점에 도달한 후 무중력 상태에서 9분을 보냈다. 미스 에이블은 여행을 마치고 나흘 후 전도체 분리를 위한 외과수술을 받던 중 숨졌다. 미스 베이커는 다행히도 살아남아 미국 언론의 세례 속에 일약 스타로 발돋움했다. 미스 베이커는 소임을 완수하고 미국 앨라배마주에 위치한 미 항공우주국에서 은퇴했으며, 같은 곳에서 1984년 숨졌다.

마르푸차와 오트바이나야
집토끼와 암캐, 소비에트연방

마르푸차는 우주를 여행한 최초의 토끼로, 1959년 7월 2일 우주로 날아간 후 건강하고 무사히 지구로 귀환했다. 쥐 몇 마리와 암캐 두 마리도 동행했는데, 그중 암캐 오트바이나야는 현재까지 우주여행 경력이 가장 많은 동물로 기록되어 있다. 총 5번의 여행을 모두 성공리에 완수했다.

벨카와 스트렐카
암캐, 소비에트연방

이 두 마리는 우주 궤도에 진입했다가 생환한 최초의 동물들이다. 1960년 8월 19일 스푸트니크 5호를 타고 우주를 여행했다. 스트렐카는 우주여행에서 돌아온 뒤 밴 새끼를 몇 마리 낳았고, 전 소련 공산당 서기장 니키타 흐루쇼프Nikita Khrouchtchev가 그중 한 마리를 케네디 대통령의 딸 캐롤라인 케네디Caroline Kennedy에게 선물했다.

펠리세트

암고양이, 프랑스

프랑스에서는 1962년의 생쥐 삼총사 엑토르와 카스토르, 폴뤽스(프랑스에서 우주로 보낸 최초의 생명체들)에 이어, 이듬해 암고양이를 우주여행용 동물로 발탁하여 베로니크호에 탑승시켰다. 원래는 수고양이 펠릭스가 선발됐는데 발사 며칠을 앞두고 탈출하고 말았다. 그래서 암컷 펠리세트가 1963년 10월 18일 우주로 떠났다. 이로써 성층권을 벗어난 세계 유일, 최초의 고양이로 기록되었다. 우주선은 아무 고장 없이 지상에 복귀했고, 펠리세트도 살아 돌아왔다.

마르틴과 피에레트

남부돼지꼬리원숭이(또는 남부돼지꼬리마카크), 프랑스

두 원숭이는 각각 1967년 3월 7일과 13일에 우주로 보내져 고도 200km 이상을 순항했다. 프랑스에서 마지막으로 우주 실험에 사용한 동물들이다.

아라벨라와 애니타

거미, 미국

1972년 4월 16일, 아폴로 16호를 타고 우주로 떠났던 이 거미 두 마리가 우주 최초로 거미줄을 쳤다.

태양과 달의 계속되는 만남

일식日蝕은 달이 태양의 일부나 전부를 가리는 현상을 말한다. 전부를 가리는 현상을 '개기일식皆旣日蝕'이라 하고, 태양의 한복판을 가리고 둘레까지 완전히 가리지 못하여 태양의 변두리가 고리 모양으로 빛나는 현상을 금환식金環蝕(또는 고리일식)이라 한다.

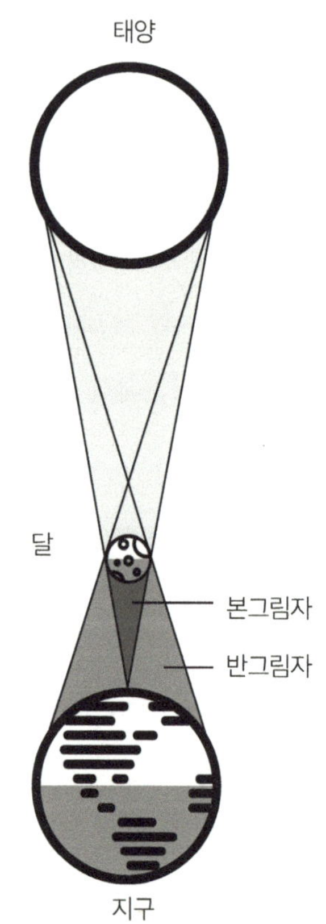

날짜	종류	지속 시간	관측 가능 지역
2019년 7월 2일	개기일식	4초 33	남태평양, 남아메리카
2019년 12월 26일	개기일식	3초 39	아시아, 오스트레일리아
2020년 6월 21일	금환식	0분 38초	아프리카, 동유럽, 아시아
2020년 12월 14일	개기일식	2분 10초	태평양, 남아메리카 남부, 남극
2021년 6월 10일	금환식	3분 51초	북아메리카 북부, 유럽, 아시아
2021년 12월 4일	개기일식	1분 54초	남극, 아프리카 남단, 남대서양

월식은 달이 지구의 그림자에 가려 전부나 일부가 사라진 것처럼 보이는 현상을 말한다. 달의 관점에서 보면 지구에 가려 태양이 보이지 않는 '일식'인 셈이다. 일식이 지구상의 극히 일부 지역에서만 보이는 것과 달리, 월식은 지구 어디서나 밤 시간대이면 관측할 수 있다. 개기월식皆旣月蝕은 달이 지구의 본그림자 속으로 완전히 들어가 달의 전부가 보이지 않는 현상이고, 반영월식半影月蝕은 달이 지구의 반그림자에 들어가는 현상이며, 부분월식部分月蝕은 달의 일부만 지구의 본그림자로 들어가 보이지 않는 현상이다.

122
동물계의 최고 기록

• 가장 무거운 동물 : 대왕고래(150t)

- 가장 긴 동물 : 긴끈벌레(최대 길이 60m)

- 가장 큰소리를 내는 동물 : 대왕고래(최고 188dB)

- 가장 빨리 달리는 동물 : 치타(112km/h)

- 가장 빨리 나는 동물 : 매(180km/h)

- 가장 빨리 헤엄치는 동물 : 돛새치(110km/h)

- 가장 오래 나는 동물 : 고산칼새(철 따라 이동 시 한 번에 6개월 이상
  을 쉬지 않고 날아감. 날아가면서 쉼)

- 가장 높이 점프하는 동물 : 줄무늬돌고래(7m)

- 가장 멀리 뛰는 동물 : 남아프리카산 작은 영양인 스프링복(15m)

- 평생 가장 긴 거리를 이동하는 동물 : 극제비갈매기(철 따라 이동
  시 왕복 240만km를 이동함. 지구-달 왕복 거리의 3배에 달하는 거리)

- 가장 많은 알을 낳는 동물 : 개복치(1회 산란 시 3억 개의 알)

- 가장 이빨이 많은 동물 : 상어(최대 3천 개)

- 가장 멀리 보는 동물 : 검독수리(전방 3km 거리에 있는 먹잇감을 식
  별함. 사람 시력의 8배)

- 가장 뇌가 무거운 동물 : 향유고래(평균 8kg).

- 가장 혀가 빠른 동물 : 소형 카멜레온의 일종인 람폴레온 스피노
  수스(혀가 0.01초에 0~96km/h의 속도로 움직임. 15cm 전방의 귀뚜라
  미를 단 0.02초 만에 낚아챔)

- 가장 털이 조밀하게 난 동물 : 수달 (10만 개/cm^2)

- 가장 오랫동안 오르가슴을 느끼는 동물 : 돼지(10~15분)

- 몸에 비해 음경이 가장 긴 동물 : 갑각류인 삿갓조개(몸길이의 8배)

나무의 분류

나무를 수정 방식에 따라 분류하면 충매蟲媒(곤충과 새의 도움으로 꽃가루가 암술에 옮겨져 수분이 이뤄지는 잎이 무성한 '활엽 교목')와 풍매風媒(바람의 도움으로 수분이 이뤄지는 '활엽 교목' 또는 '수액이 나오는 나무') 두 종류로 나뉜다.

충매

    단풍나무과

        단풍나무

    옻나무과

        캐슈너트 나무

        안개나무

        시누스 몰(열매가 후추 대용으로 사용되는 나무 — 옮긴이)

        망고나무

        피스타치오 나무

        옻나무

        수막

    오갈피나무과/두릅나무과

        두릅나무속

        음나무

칠엽수과

밤나무

독나무과

아보카도 나무

육계나무

월계수

사사프러스

콩과

콩아과

서양고추나무

금작화

아카시아속

회화나무

클라드라스티스속

등속

실거리나무아과

실거리나무

바우히니아속

실거리나무속, 브라질나무 포함

캐롭나무

결명자나무

켄터키 커피나무

　　　개나리

　　　재스민

갈매나무과

　　　털갈매나무

　　　케아노투스속

　　　갈매나무

장미과

배나무아과

　　　　토르미날리스마가목

　　　　채진목

　　　　산사나무속

　　　　서양모과

　　　　마르멜로

　　　　개야광나무

　　　　배나무

　　　　사과나무

　　　　마가목

앵두나무아과

　　　　살구나무

　　　　아몬드나무(편도나무)

　　　　서양벚나무

　　　　월계수귀룽

벗나무

야생벗나무

복숭아나무

자두나무

운향과

레몬나무

두충

쉬나무

오렌지나무

황벽나무속

프텔레아속

초피나무속

무환자나무과

리치

용안

무환자나무속의 기름모과나무

현삼과

오동나무

오동나무과

물병나무속, 카카오나무, 콜라나무, 스테르콜리아

소태나무과

가죽나무

고지대에 위치한 도시들

라 링코나다(페루)는 해발 5,100m에 자리 잡은 세계에서 가장 높은 도시다. 2012년 기준 총인구가 5만 명이었다.

원취안(중국 티베트 자치구)은 주민수가 아주 적은 촌락이다. 기네스북을 보면 사람이 사는 가장 높은 마을로 기록되어 있는데 틀렸다. 해발 4,870m로 북반구에서 사람이 사는 가장 높은 마을이 맞다.

평균 해발고도 기준, 세계에서 가장 높은 수도들

라파스(볼리비아)	3,650m	카불(아프가니스탄)	1,790m
라사(티베트)*	3,600m	빈트후크(나미비아)	1,721m
키토(에콰도르)	2,850m	마세루(레소토)	1,673m
팀부(부탄)	2,648m	키갈리(르완다)	1,567m
보고타(컬럼비아)	2,625m	과테말라(과테말라)	1,529m
아디스아바바 (에티오피아)	2,355m	히라레(짐바브웨)	1,483m
아스마라(에리트레아)	2,325m	카트만두(네팔)	1,400m
사나(예맨)	2,250m	울란바토르(몽골)	1,350m
멕시코시티(멕시코)	2,240m	안타나나리보(마다가스카르)	1,288m
나이로비(케냐)	1,795m	프리토리아(남아공)	1,271m

* 티베트 수도 라사는 티베트가 중국의 자치구로 편입된 이후 엄밀한 의미에서는 수도로 분류되지 않는다.

무는 힘이 무시무시한 동물들

동물들이 이빨로 먹잇감을 물어뜯을 때 1cm²당 가해지는 압력을 측정한 순위다. 참고로 사람은 60kg/cm² 정도다.

1위 티라노사우루스(3.5톤/cm²)

2위 악어(2톤/cm²)

3위 (공동) 범고래, 하마, 북미산 악어(1톤/cm²)

4위 하이에나(900kg/cm²)

5위 바다코끼리(800kg/cm²)

6위 고릴라(590kg/cm²)

7위 사자(560kg/cm²)

8위 검독수리(320kg/cm²)

9위 백상아리(300kg/cm²)

10위 투견(160kg/cm²)

2초 사이에 이런 일이!

150그루에 달하는 나무가 사람 손에 베인다. 해마다 벨기에 면적과 맞먹는 13만~15만km²의 산림이 사라진다. 2016년 현재 지구상에는 3조 그루의 나무가 있지만, 1만 2천 년 전에는 6조 6천억 그루가 있었다.

어떤 곤충에 쏘이면 가장 아플까?

1980년대 미국 곤충학자 저스틴 슈미트Justin Schmidt는 곤충에 쏘였을 때 얼마나 고통스러운지를 비교하기 위해, 거의 모든 종류의 곤충에 몸소 찔려보는 희생정신을 발휘했다. 다음은 그가 괴로움을 이겨내고 완성한 '슈미트의 곤충 침 통증 지수Schmidt Sting Pain Index'다.

1.0도 - 경미하고 일시적인 고통	꿀벌과의 닙폰줄애꽃벌, 꿀벌과의 꼬마꽃벌, 구멍벌과의 나나니벌
1.2도 - 간헐적으로 콕콕 찌르고 따끔따끔한 고통	불개미, 매미잡이벌
1.8도 - 초반에는 별로 통증이 없다가 점점 아리면서 심해지는 고통	불혼아카시아개미, 불독개미
2.0도 - 얼얼하고 화끈거리는 고통	왕개미, 무늬말벌, 뒤영벌, 어리호박벌, 양봉꿀벌, 독일땅벌, 쌍살벌, 유럽쌍살벌
3.0도 - 욱신욱신하게 살갗을 파고들며 집요하게 이어지는 고통	마리코파개미
3.0도 - 몹시 따갑고 살갗을 뚫어버릴 듯한 고통	종이말벌, 개미벌
4.0도 - 전기충격처럼 강렬하고 의식을 잃을 듯한 고통	펩시스속과 헤미펩시스속에 속한 타란툴라 호크, 병정말벌
4.0도+ - 극도로 격렬한 고통의 정수	총알개미*

* '총알개미'는 중앙아메리카에 서식하며 프랑스령 기아나에서는 '개미'로도 불린다. 침에 쏘이면 총알에 맞은 듯한 끔찍한 고통이 24시간 지속된다. 아마존의 몇몇 원주민 부족들은 총알개미를 이용해 성인식을 치른다. 예를 들어 사테레 마우에 족 사내아이들은 총알개미가 득실거리는 나뭇잎 더미에 손을 넣고 몇 십 분을 참으며 쏘이는 고통을 견뎌내야 온전한 전사로 거듭날 수 있다.

세렌디피티

세렌디피티Serendipity는 '찾을 계획이 없던 무언가를 우연히 발견해내는 능력'을 뜻하는 재밌는 낱말이다. 그러다 보니 과학적 발견과도 자연스럽게 상통하는 단어로 굳어졌다. 18세기 영국의 문필가 호레이스 월폴Horace Walpole이 유년기에 읽었던 〈세렌딥(스리랑카의 옛 명칭)의 세 왕자〉(페르시아 동화가 이탈리아어, 프랑스어, 영어 순으로 번역 출간됨 ― 옮긴이)를 회상하여 고안했다고 한다.

토대가 된 페르시아 동화에는 주인공 왕자들이 여행길에서 중요한 단서들을 잡아내 그 뜻을 풀이하여 온갖 기발한 사실을 발견하는 내용이 나온다. 예를 들어 풀이 유난히 한쪽만 뜯어 먹힌 흔적을 보고 애꾸눈 낙타가 막 그 길을 지나갔다는 걸 알아낸다. 월폴은 이처럼 '통찰력과 우연이 결합'된 상황을 표현하고자 신조어 '세렌디피티'를 만들었다.

이 단어는 한 세기 동안 알려지지 않고 있다가 학자들에 눈에 띄어 '미처 찾을 생각이 없었던 무언가를 발견하는 능력'이라는 현재의 의미(원래 의미와는 사뭇 멀어짐)를 갖게 되었다. 하지만 본격적으로 인기를 얻기 시작한 것은 과학용어로 사용되면서다. 그 결과 '과학적 발견에도 우연성이 중요하게 작용한다'는 개념을 형성하게 되었다. 그렇다고 과학이 순전히 우연성에 의존한다는 건 절대 아니다. 세렌디피티가 온전히 작동하려면 과학자들이 우연히 다가오는 기회를 놓치지 말아야 하고 그것이 중대한 발견임을 알아채는 남다른 안목, 가능성과 가치가 있음을 알아보는 뛰어난 직관까지 갖추어야 한다. 파스퇴르가 이런 말을 했다. "위대한 발견의 씨앗들이 늘 우리 주위를 떠돌고 있어도 그것을 받아들일 준비가 돼 있는 사람의 정신 에만 뿌리를 내린다."

세렌디피티는 의도하지 않은 뜻밖의 대상에서도 장점을 파악하여 자기 것으로 수용하고, 어떤 한 가지를 연구하다가도 다른 무언가를 발견할 자세가 되어 있으며, 불운한 조건 속에서도 자신에게 주어진 기회를 십분 활용하는 능력을 말한다. 이처럼 개방적인 태도와 창의 적인 정신은 계획에 얽매인 융통성 없는 과학이 아니라 고정된 틀에 서 벗어나 자유분방하고 자율적인 과학을 추구해야 하는 대다수 과 학자에게 꼭 필요한 자질이다.

인식론자들은 세렌디피티의 개념을 두 가지 범주로 분류한다.

- 유사 세렌디피티pseudo-serendipity : 문제를 해결하려고 했는데 운 좋게 우연히 해결된 경우.

- 진정한 세렌디피티true-serendipity : 무언가를 찾아낼 의도가 특별 히, 심지어는 전혀 없었는데 발견한 경우.

유사 세렌디피티의 예

- 아르키메데스의 원리 : 시라쿠사의 군주 히에론이 아르키메데스 를 불러 자신의 왕관이 은이 하나도 섞이지 않은 순금이 확실한

지 알아보라고 명했다. 아르키메데스는 은이 금보다 가볍다고만 알았다. 그러던 어느 날 아르키메데스는 욕조에 들어가다가 물이 흘러넘치는 걸 보고 '유레카!'를 외쳤다. 왕관의 정확한 부피를 간단하게 측정하는 방법을 알아낸 것이다. 왕관(물체)의 부피는 넘친 물(유체)의 부피와 같다(밀도=무게/부피). 그리하여 왕관의 밀도와 순금의 밀도를 비교해 왕관이 순금인지 아닌지를 확인할 수 있었다.

- **황을 첨가한 고무** : 미국 발명가 찰스 굿이어Charles Goodyear는 생고무가 너무 질기고 탄성이 없어 사용하기 불편해 어떻게 하면 이 성질을 없앨 수 있을까 궁리했다. 그러던 어느 날 우연히 황이 묻은 고무 조각을 난로에 떨어뜨렸는데 잘 늘어나고 줄어드는 걸 발견하고는 탄성이 우수한 가황加黃고무를 발명했다.

- **DNA 구조** : 미국 분자생물학자 제임스 왓슨James Watson과 프랜시스 크릭Francis Crick은 우연한 기회에 실험실 동료들이 프랑스 샹보르 성의 이중나선형 계단에 관해 얘기하는 걸 들었다. 이에 영감을 얻어 DNA 구조를 밝히는 데 적용해봤더니 맞아떨어졌다. DNA의 이중나선 구조를 밝힌 왓슨-크릭 모형이 탄생한 것이다.

진정한 세렌디피티의 예

- **신대륙** : 크리스토프 콜럼버스는 중국(또는 인도)을 찾아낼 요량으로 항해를 떠났다가 의도치 않게 그보다 1만km 전에 있는 아메리카 대륙을 발견했다.

- **은하계** : 갈릴레이는 기존의 망원경을 보완하여 천체들을 더욱 가까이 관측할 수 있는 망원경을 완성했다. 이에 힘입어 은하계, 목성의 위성 등 예정에 없던 발견들을 끊임없이 이뤄냈다.

- **핵분열** : 이탈리아 물리학자 엔리코 페르미Enrico Fermi는 제자들에게 원자의 핵분열이 불가능함을 입증하려다가 핵분열을 해내고 말았다. 증명하려던 내용의 반대를 증명한 셈이다.

- **벨크로** : 스위스 공학자 조르주 드 메스트랄Georges de Mestral은 강아지를 데리고 산책하다가 강아지 털에 우엉꽃이 들러붙어 떼는 데 애를 먹었다. 작은 꽃송이들이 그토록 끈덕지게 붙어 있는 원리가 궁금해서 꽃의 표면을 현미경으로 관찰해보니 탄성이 있는 미세한 갈고리들로 덮여 있었다. 그 갈고리들은 털을 물론이고 직물에도 잘 달라붙었다. 이렇게 하여 '벨크로(일명 찍찍이)의 원리'가 탄생했다.

128

화형에 처해지는 날씨 예언자들

1677년 영국에서는 '비를 내리는 주술을 하고 날씨를 예언하는 자들'을 화형에 처한다는 법이 있었다. 이 법이 집행된 사례는 거의 없지만 1959년에 와서야 공식적으로 폐지되었다.

폭풍을 뜻하는 용어

사이클론^{cyclone} : 열대 해역에서 발생하는 맹렬한 열대 저기압이다. 폭풍우와 강한 풍랑을 동반한 회오리바람을 일으키며, 그 규모가 직경 수백 km에 달한다. 열대 지역의 과도한 열기를 극지방으로 이동시켜 지구의 열(온도)을 조절해주는 자연현상이다. 사이클론이라는 명칭은 주로 태평양 동부와 남서부 지역에서 사용하고, 북대서양과 태평양 북동·남서부에서는 허리케인^{hurricane}이라 부른다. 아시아 남동부 지역에서는 이러한 열대성 폭풍우를 일컬어 태풍^{typhon}이라 한다. 명칭이 제각각인 까닭은 학술적 분류에 따른 것이 아니라 지역에 따라 달리 부르는 것일 뿐이다. 중세 일본에서는 사이클론을 가리켜 가미카제^{kamikaze}라고 했다.

토네이도^{tornado} : 저기압이 아니라 먹구름에서 비롯되는 강렬한 회오리바람이다. 발생 규모와 시간 면에서 미니 사이클론^{mini cyclone}으로 분류하기도 하지만, 발생 강도로 보면 사이클론보다 훨씬 강력하고 파괴력 또한 크다.

토네이도 등급

1970년대 시카고대학 소속의 저명한 일본인 기상학자 테드 후지
타 교수는 토네이도의 위력을 판별하는 6등급 기준, 일명 '후지타 등
급'을 설정했다. 2007년부터 미국에서는 이를 보완한 '개량 후지타
등급'을 사용한다.

등급	풍속(km/h)	피해 규모	피해 예시
EF0	105~137	없거나 극미함	주택의 지붕 표면이 벗겨지고 지붕의 홈통과 건물 외장이 파손됨. 나뭇가지가 부러지고 뿌리가 얕은 나무들이 쓰러짐.
EF1	138~177	소규모	지붕이 날아감. 이동식 주택은 뒤집어지거나 심하게 훼손. 바깥쪽 문이 날아가고 창문과 유리창이 깨짐.
EF2	178~217	상당함	견고하게 주어진 주택의 지붕이 날아감. 주택의 골조가 휘어짐. 이동식 주택은 완전히 붕괴됨. 큰 나무들의 둥치가 꺾이거나 뿌리째 뽑힘. 가벼운 물체들이 사방으로 튕겨 나감. 자동차가 뒤집어짐.
EF3	218~266	심각함	견고한 주택의 건물 전체가 붕괴됨. 쇼핑몰 등 대형 건물도 피해가 심각해짐. 기차가 뒤집어지고 나무가 뽑힘. 자동차가 뒤집어져 도로 위에 나뒹굴고, 토대가 약한 건물은 송두리째 날아감.

| EF4 | 218~266 | 극심함 | 철재 골조로 지어진 견고한 주택들이 붕괴됨. 대형차들이 거리에 나뒹굴게 됨. |
| EF5 | → 322 | 초토화 | 강력한 골조로 견고하게 지어진 주택들이 토대부터 완전히 뽑혀 나감. 강철로 보강된 콘크리트 구조물들이 극심하게 훼손됨. 고층건물이 붕괴하거나 구조가 심각하게 변형됨. 트럭과 기차는 1km 이상 날아갈 수 있음. |

역대 토네이도 기록

최대 규모	• 세계 기록 : 2004년 미국 네브래스카주 핼럼 근방에서 지름 4km 규모 • 유럽 기록 : 1902년 프랑스 오트루아르 지역 자바그에서 지름 3km 규모
최대 속도	1925년 미국 미주리·일리노이·인디애나 3개 주를 휩쓴 '트리 스테이트 토네이도'. 최고 117km/h
최장 거리 이동	1917년 미국 일리노이주, 인디애나주 일대 471.50km를 이동한 토네이도
최악의 인명 피해	1925년 미국 '트리 스테이트 토네이도' 사망 750명, 부상 2,300명 이상
최악의 재산 피해	1999년 오클라호마주 토네이도 12억 4천 달러 추정
미국 토네이도 사상 1일 발생 건수가 가장 많았던 날	1974년 4월 3일, 총 148회
미국 토네이도 사상 연간 발생 건수가 가장 적었던 해	1950년 총 201회

기상 관측 사상 최고의 기록

- **세계에서 가장 큰 우박** : 2010년 7월 23일 미국 사우스다코타주의 소도시 비비안에서 지름 20.32cm, 무게 879g의 초대형 우박 발견.
- **인명 피해를 가장 많이 낸 우박** : 1888년 4월 30일 인도 북부 우타르프라데시주(246명 사망).
- **연간 일조량 최고 기록** : 리비아 지역의 사하라 사막 4,300시간.
- **연간 일조량 최저 기록** : 북극의 겨울 186시간.
- **바람이 가장 심하게 부는 지역** : 남극 대륙의 코먼웰스만.
- **뇌우가 가장 많이 쏟아진 지역** : 우간다 캄팔라, 연 평균 뇌우 발생 일수 242일.
- **가장 큰 빙산** : 1956년 남태평양 해상에 있던 미 해군 함정 USS 글래셔호 승무원 일동이 330km×96km 크기의 빙산 관측.

역대 최대 규모의 사이클론

- **가장 강력했던 사이클론**

  2006년 오스트레일리아 북부에서 발생한 사이클론 모니카 : 중

심기압 868.50hPa

• 가장 급격히 강력해진 사이클론

1983년 북서태평양에서 발생한 태풍 포러스트 : 이동속도 24시

간 만에 120km/h에서 285km/h로 바뀜.

• 가장 높은 파도를 일으킨 사이클론

오스트레일리아 배서스트만에서 발생한 사이클론 마히나 : 파

고 13m

• 가장 빠른 바람을 일으킨 사이클론

동태평양에서 발생한 허리케인 릭 : 최대 풍속 350km/h

• 가장 크기가 컸던 사이클론

북서태평양에서 발생한 태풍 팁 : 최대 크기 지름 2,200km

• 가장 오랫동안 발생한 사이클론

북태평양에서 발생한 허리케인 존 : 1994년 8~9월 사이 31일간.

• 가장 많은 인명 피해를 낸 사이클론

1970년 방글라데시를 강타한 볼라 사이클론 : 사망 30만 명.

• 가장 많은 재산 피해를 낸 사이클론

2012년 미국 뉴욕을 휩쓸고 간 허리케인 샌디: 300~500억 달

러 상당의 재산 피해.

뜻하지 않게 30배 더 강력해진 배터리

미국 캘리포니아 대학 박사과정을 밟고 있는 마야 르 타이^{Mya Le Thai}라는 젊은 여성이 지난 2016년 4월 배터리 산업에 혁신을 일으킬 만한 발견을 했다. 그것도 손 씻는 걸 깜빡 잊는 바람에 말이다.

마야가 소속된 실험실에서는 금 나노와이어를 이용해 배터리 수명을 연장하는 기술을 연구하고 있었다. 나노와이어는 특성상 외부 자극에 몹시 취약해서 취급 시 각별한 주의를 기울여야 한다. 그런데 마야가 전기분해를 하고 나서 깜빡 잊고 아크릴 수지 겔이 묻은 손으로 나노와이어를 만지고 말았다. 그러자 나노와이어 표면에 얇은 겔 막이 형성되면서 배터리 수명이 급격히 늘어나는 기적이 일어났다. 겔 성분이 나노와이어 전도체에 일종의 보호막 역할을 해준 셈이다. 그리하여 충전 후 방전까지를 한 번의 주기로 하는 '충전 사이클'의 횟수가 무려 20만 회나 되는 혁신적인 배터리가 한순간의 '실수'로 탄생했다(휴대전화 충전기를 1일 기준 100% 충전 상태에서 방전될 때까지 사용할 경우 547년간 사용 가능한 수명 — 옮긴이). 기존의 리튬이온 배터리가 7천 회의 충전 사이클을 지원하는 것에 비하면 엄청나게 늘어난 것이다. 장차 컴퓨터, 스마트폰, 태블릿, GPS 등의 휴대용 전자기기에도 우리가 꿈꾸던 장수 배터리가 실현될 것으로 보인다.

쥐의 정자와 코끼리의 정자는 어떻게 다를까?

이 호기심에도 합리적인 이유를 설명할 수 있다. 우선 포유류의 몸 크기가 생식세포, 즉 정자 발달을 결정한다. 몸이 크면 자연히 암 컷의 생식기도 클 것이고, 그러면 정자가 손실될 가능성도 커질 것 이다. 이에 몸집이 큰 포유류는 믿음직하지 못한 정자들까지 고려해 필요 이상으로 대량 생산 하는 '낭비의 전략'을 취한다. 그에 비해 몸 집이 작은 포유류는 정자를 꼭 필요한 만큼만 알뜰하게 생산한다.

정서의 분류

고대 철학자들부터 시작해 인간의 다양한 정서를 간단한 도식으 로 정리하려는 시도는 수없이 많았다. 그중 미국인 심리학자 로버트 플루칙Robert Plutchik이 진화심리학 이론에 따라 체계화한 것이 가장 근래에 소개된 분류법이자 가장 적절한 분류법으로 꼽힌다.

그는 꽃의 형태를 기본 틀로 하여 꽃잎이 달린 부분에 8가지 기본 정서, 즉 기쁨과 슬픔, 두려움과 노여움, 신뢰 대 적대, (뜻밖의 일에 대 한) 놀람과 기대를 상반되는 것끼리 마주 보게 배열했다. 이 기본 정 서들은 각각의 꽃잎에 나타나 있듯이 다층적으로 표출되며, 서로 결합하여 또 다른 정서를 만들어내기도 한다.

플루칙의 감정 수레바퀴

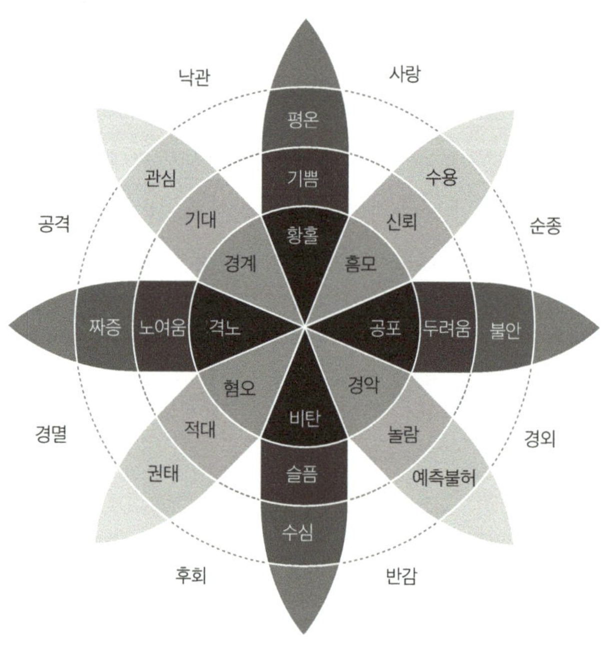

천문단위

천문단위Astronomical Unit의 정식 명칭은 '천문 거리 단위'로서,

1958년부터 천체들 사이의 거리를 나타내는 단위로 사용되고 있다. 1천문단위^{1AU}는 지구와 태양의 평균 거리를 나타내는데, 평균값인 이유는 지구의 궤도가 완전한 원이 아니기 때문이다. 현재 공식적으로 통용되는 1천문단위는 다음과 같다.

$$1AU = 149,597,870,700m$$

어림잡아서 '1억 5천만km'라고 한다. 태양계의 다른 행성들과 태양의 거리는 수성-태양 간 거리는 0.38AU, 화성-태양 간 거리는 1.52AU 등과 같이 표시한다. 한편, 1977년 발사된 '보이저 1호'와 태양의 거리는 2014년 9월 27일 기준 129.14AU다.

(137)

일부일처제 동물

동물 세계에서 일부일처제는 희귀한 현상이지만, 사람들에게 정절이 무엇인지 한 수 가르쳐 줄 정도의 동물들도 있다.

긴팔원숭이

일부일처제를 고수하는 몇 안 되는 영장류 가운데 하나이자, 가족 형태가 인간과 가장 근접한 동물이다. 보통 한 가족의 경우 한 쌍의 부부가 결혼해 서너 마리의 자식을 낳는다. 가족 구성원끼리 함께 모여 자는 습성이 있다.

백조

백조는 암수 한 쌍이 우아한 몸짓으로 서로의 목을 꼬아 구애를 하고 짝을 맺은 다음 가족을 꾸릴 보금자리를 찾으러 떠난다. 부부의 연을 맺으면 적어도 몇 해를 함께 살고, 가끔 평생을 해로하기도 한다.

블루페이스에인절피시

서태평양과 인도양 등에 분포하는 열대 어종이다. '천사 물고기'라는 로맨틱한 이름이 부끄럽지 않게 평생 한 배우자 옆을 착실하게 지킨다.

늑대

늑대 집단은 우두머리 수컷과 우두머리 암컷을 통해 형성된다. 오로지 한 쌍만이 번식의 특권을 누리고 나머지는 번식 능력을 잃는다. 왕좌에 오른 한 쌍은 자신들의 권력과 집단을 공고히 유지하기 위한 몸짓으로, 수컷이 암컷의 허리에 올라타 함께 울부짖곤 한다.

알바트로스

알바트로스Albatross는 수천 킬로미터의 먼 거리를 홀로 날아갔다가도 교미를 할 때면 꼭 같은 곳으로 되돌아와 원래의 제 짝을 찾는다.

흰개미

보통의 개미는 여왕개미와 수개미가 교미, 번식을 하고 얼마 후에 수개미가 죽지만, 흰개미는 여왕개미와 왕개미가 공동으로 왕좌에 올라 평생, 오랜 세월을 동거하며 왕국 전체를 다스린다. 흰개미의 여왕개미도 다른 개미 종의 여왕개미처럼 여러 해 동안 개미 군락을 번식시킬 난자를 넉넉하게 지니고 있다.

흰꼬리수리 또는 대머리독수리

미국을 상징하는 동물로 변치 않는 금슬을 자랑한다. 예외적이긴 하지만 수컷이 번식할 수 없으면 암컷이 다른 짝을 찾아 떠난다.

검은독수리

검은독수리 수컷은 암컷과 절대 헤어지지 않을 뿐 아니라 일의 분담에서도 지극한 부부애를 과시한다. 알이 부화해 새끼가 태어나면 부부 양쪽이 24시간을 똑같이 나눠 공평하게 둥지를 지킨다.

프레리들쥐

사촌뻘인 일반 들쥐들과 달리 프레리들쥐는 정조 관념이 투철하다. 암컷이 새끼를 낳고 나면 수컷이 곁을 지켜주며 다른 수컷들이 접근하지 못하게 막아준다. 새끼들을 먹이고 키우는 것도 성실히 돕는다.

부부가 힘을 모아 둥지를 마련하여 20년 가까이 한평생을 동고동락한다. 새끼 보호와 양육도 공동으로 한다.

138

어디서부터가 우주일까?

지금까지 우주는 지구 대기권과 구분되었다. 그러나 대기권이 급격히 희박해지면서 둘을 명확히 가르는 경계선이 허물어진 상태다. 이에 따라 다수의 기관에서는 우주 진입이 시작되는 지점을 지정해 두고 있다. '우주 경계선'에 대한 정의 가운데 가장 널리 통용되고 있는 세 가지를 소개한다.

지상 50마일(약 81km)

최초로 공식 채택된 경계선으로, NASA의 전신인 NACA에서 임의로 규정했다. 대략 비행기 운항이 불가해지기 시작하는 고도를 나타낸다. 미 공군에서 상시 준수하는 상한선으로, 이 선을 넘어가면 공군 조종사가 아니라 '우주 비행사'로 분류된다.

지상 100km(카르만 라인)

1950년대 국제항공연맹International Aeronautics Federation, FAI에서

규정했다. 대기 농도가 감소하여 항공기 부양이 불가능해지는 지점을 계산한 헝가리 출신 물리학자 테오도어 폰 카르만Theodore von Kármán의 이름을 딴 것이다. 항공기 등의 기체가 카르만 라인보다 더 높이 운항하려면 속도를 내서 우주 궤도로 진입하는 수밖에 없다. 우주 경계선 정의 중에서 가장 많이 인용된다.

지상 400,000피트(약 122km)

미국계 우주왕복선(1981~2011년, 135차례)이 우주 비행을 마치고 복귀할 때 NASA에서 대기권의 기점으로 삼았던 고도다. 우주선이 지구 영역으로 재진입하면서 공기 저항력(마찰력)을 받기 시작하는 지점으로도 사용된다.

139
지구 대기권

지구 공기가 지표 근처의 아주 낮은 고도에 밀집되어 있지만, 대기권 전체는 상당히 높다. 통상적으로 온도의 분포에 따라 대류권, 성층권(오존층 포함), 중간권, 열권, 외기권(공기 밀도가 아주 낮아서 기체 분자끼리 충돌할 일이 거의 없음)의 5개 층으로 나뉜다.

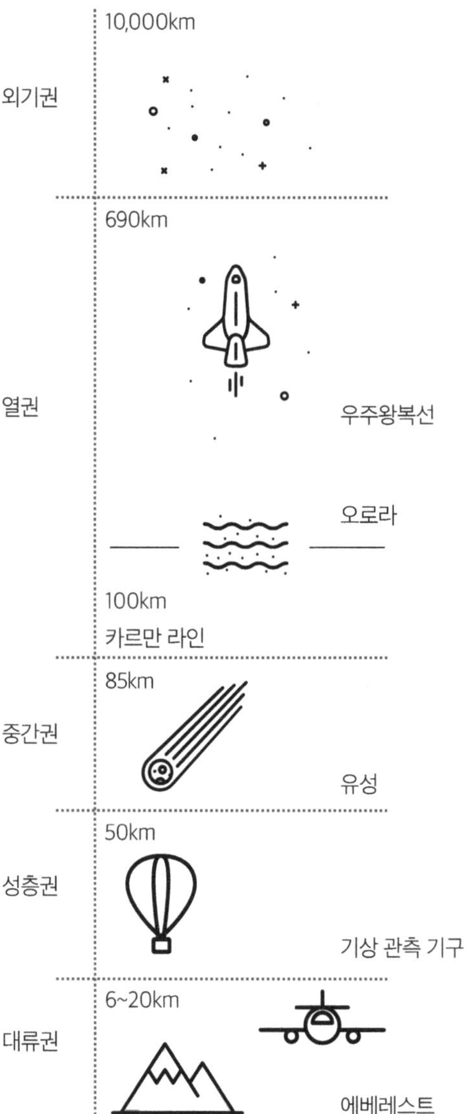
10,000km
외기권
690km
열권
우주왕복선
오로라
100km
카르만 라인
85km
중간권
유성
50km
성층권
기상 관측 기구
6~20km
대류권
에베레스트

생체모방기술

생물은 과학과 공학 계통의 기술자들에게 마르지 않는 영감의 원천이 된다. 현재 지구에 사는 생물 종들은 수십 억 년에 걸쳐 진화했고, 대자연의 선택을 통해 살아남았음을 보여주는 산 증거이므로, 그들이 환경에 적응해온 방식이야말로 더없이 훌륭한 창조의 본보기다. 몇 가지 예를 살펴보자.

벌집이 나무를 씹어서 나온 끈적끈적한 찌꺼기로 만들어지는 것에 착안해, 105년 중국에서 종이가 제작되었다.

박쥐는 레오나르도 다빈치에게 비행 기계에 대한 아이디어를 주었다.

사람의 넓적다리뼈는 금속 구조물인 에펠탑을 건설하는 데 상상력을 제공했다

가리비는 1930년대 골함석(물결 모양으로 골이 지게 성형된 아연도금 강판 ― 옮긴이) 발명에 영감이 되었다.

우엉의 꽃(가시 모양)은 동물 털과 사람 옷에 찍찍 들러붙었던 통에 1941년 찍찍이 발명으로 이어졌다.

앵무조개에 영감을 얻어 잠수함의 제트엔진을 비롯해 근래에는 선풍기가 만들어졌다.

박쥐와 돌고래에 착안해 수중음파탐지기가 개발되었다.

연잎이 물에 젖지 않고 항상 청결한 상태를 유지하는 것에 착안해 샤워커튼 등에 사용되는 연잎 섬유가 개발되었다

거미줄을 이루는 초강력 실들이 한쪽 면은 접착력이 있고 다른 면은 매끄럽다는 점에 착안하여 붕대와 자동차 앞 유리창, 방탄복의 성능을 개선했다.

개똥벌레에 힌트를 얻어 더 밝게 빛나는 LED 조명이 발명되었다.

성게와 해삼이 분비하는 물질에 영감을 얻어 주름 개선 화장품을 개발되었다.

상어 피부에 착안해 전신 수영복과 공기역학적으로 우수한 비행기가 제작되었다.

나방의 눈이 빛의 반사를 방지하는 특성을 이용해 효율 만점의 태양열 집열판이 개발되었다.

홍합의 성분을 이용해 (우리 몸속처럼) 염분이 있는 환경에서도 떨어지지 않는 초강력 접착제가 개발되었다.

고양이 발의 특성은 자동차 타이어의 제동 성능을 개선하는 데 이용되었다.

흰개미의 둥지가 찜통더위에서는 쾌적하고 밤에는 훈훈하게 유지되는 점에 착안하여, 1996년 아프리카 짐바브웨에 자연냉방식 쇼핑몰이 지어졌다.

모기가 피부를 찌를 때 쓰는 긴 관에 영감을 받아 무통 주삿바늘이 만들어졌다.

아프리카 나미비아에 사는 풍뎅이가 건조한 사막에서도 등 껍데

기에 수증기가 맺히는 특성을 이용해 방수용 내외장재(무동력 제습 기술)가 개발되었다.

도마뱀붙이의 발바닥에 영감을 얻어 뗐다 붙여다 할 수 있는 초강력 나노 접착제가 발명되었다.

혹등고래의 지느러미에 난 울퉁불퉁한 돌기가 양력을 높이되 저항은 줄이는 점에 착안해 에어컨 실외기나 풍력발전기의 소음을 감소시키는 장치가 개발되었다.

벌집의 형태와 특성에 착안해 더욱 견고하고 소음이 적은 차량 타이어가 개발되었다.

공작의 깃털에 영감을 받아 자외선을 이용해 광고 문구가 바뀌는 옥외 광고판이 개발되었다.

새 둥지의 형태에 아이디어를 얻어 2008년 베이징 올림픽 주경기장이 건설되었다.

올빼미가 톱니 모양 깃털을 이용해 소리 없이 먹잇감을 낚아채는 점에 착안해 신칸센新幹線(일본 고속철도)의 소음 감소 장치를 개발했다.

물총새가 뾰족한 부리를 이용해 물속으로 빠르게 들어가는 점에 착안해 신칸센의 열차 앞머리를 공기 저항을 덜 받게 설계했다.

꿀벌의 개체 수 감소에 대한 대비책으로 꿀벌을 닮은 초소형 비행 로봇을 개발했다.

잠자리의 움직임을 본떠 마이크로 드론을 개발했다.

도깨비도마뱀이 사막에서도 발에 물방울이 돋게 하는 재주를 보면 장차 우리도 사막 한복판에서 발을 이용해 물을 마실 수 있을 듯하다.

인류 역사를 바꾼 발명

우리는 발명을 세상에 둘도 없는 발명가 한 사람만의 업적으로 단정 짓지 말아야 한다. 무릇 발명이란 나날이 기술이 진보하고 여러 기술자와 과학자들의 발견이 누적되어 나타나는 결과물이다. 가령 텔레비전이 아무것도 없는 상태에서 하루아침에 뚝딱 발명되지는 않았다. 발명가는 어쩌면 기존의 발명 성과들을 결정적으로 향상시키거나 최종으로 취합하는 사람일는지도 모른다.

19세기 전에는 특허권에 대한 '열기'가 점화되기 전이라 발명품이 있어도 정확히 누가 발명했는지 대조하기가 어려웠다. 증빙 자료가 부족했던 탓에 이해 당사자들의 사사로운 증언에 기댈 수밖에 없었고, 이런저런 설까지 더해져 발명가 파악에 혼선이 빚어졌다. 발명특허제도가 체계화될 무렵에서야 발명가 관련 정보가 명확해졌다. 그런데 원천 과학기술이 출현한 후에 그것을 완성한 최종 발명품이나 기술이 이곳저곳에서 거의 동시에 나타나기 시작했다. 누가 발 빠르게 특허권 신청을 하는지 발명가들끼리 달리기 시합을 벌이는 형국이었으며 특허권 침해에 대한 소송도 많아졌다. 2002년 미국 정부는 뉴욕 땅에 정착했던 이탈리아 이민자 안토니오 메우치Antonio Meucci가 진짜 전화 발명가라고 공식 천명했다. 알렉산더 그레이엄 벨Alexander Graham Bell이 전화기 발명에 대한 특허권 신청을 한발 앞서 했던 것이다.

이렇듯 발명이 시간의 산물인 만큼, 다음의 발명 연대표는 역사적 흐름에 따라 재구성한 것임을 밝혀둔다. 발명을 향한 인류의 대모험이 어떻게 흘러왔는지를 대략적으로 한눈에 보여주는 것일 뿐 다른 목적은 없다.

시기	발명품 및 발명기술	발명가	국가 또는 지역
기원전 80만~ 45만 년	불의 이용		
기원전 15만 년	언어		
기원전 42만~ 30만 년	최초의 장례 흔적 발견		
기원전 1만 년경	농경		근동
기원전 4500년경	비누		메소포타미아
기원전 4000년경	바퀴		
기원전 4000년경	제철		
기원전 3300년경	문자		메소포타미아
기원전 2400년경	화장실 수세 장치		인더스 문명
기원전 1200년경	페니키아 문자		페니키아(레바논)

기원전 750년경	아테네 민주공화국		그리스
기원전 7세기	금속화폐		리디아(소아시아)
기원전 6세기	해시계	아낙시만드로스	그리스
기원전 300년경	기하학	유클리드	그리스
기원전 3세기	영(0, zero)		메소포타미아
기원전 3세기	나사못	아르키메데스	시칠리아(마그나 그라이키아)
기원전 2세기	위도/항성시 측정기구	히파르코스	그리스
기원전 2세기	종이		중국
기원전 1세기	외바퀴 손수레		중국
7세기	화약		중국
984년경	운하의 수문		중국
1000년경	나침반		중국
12세기	배의 키		아라비아반도
12세기	확대경	로버트 그로스테스트	영국
12세기	대포		중국
1450년	금속활자 인쇄술	요하네스 구텐베르크	독일
1500년	최초의 제왕절개 수술		스위스
1590년	현미경	자카리아스 얀센	네덜란드
1595년	수세식 변기	존 해링턴	영국
1608년	천체망원경	한스 리페르셰이	네덜란드
1612년	온도계	산토리오 산토리오	이탈리아
1642년	계산기	블레즈 파스칼	프랑스

1710년	피아노	바르톨로메오 크리스토포리	이탈리아
1712년	증기기관	토머스 뉴커먼	그레이트브리튼(영국·스코틀랜드·웨일즈)
1752년	피뢰침	벤저민 프랭클린	미국
1769년	최초의 자동차	니콜라 조제프 퀴뇨	프랑스
1775년	잠수함	데이빗 부시넬	미국
1783년	가스등	페트러스 민켈러스	림뷔르흐(네덜란드)
1795년	통조림 제조법	니콜라 아페르	프랑스
1796년	천연두 백신	에드워드 제너	그레이트브리튼(영국·스코틀랜드·웨일즈)
1800년	수소전지	알렉산드로 볼타	이탈리아
1813년	자전거('이륜차')	카를 폰 드라이스	독일
1814년	기관차	조지 스티븐슨	영국
1818년	최초의 수혈	제임스 블런델	영국
1821년	전자기유도의 원리	마이클 패러데이	영국
1826년	사진 기술	니세포르 니엡스	프랑스
1829년	타자기	윌리엄 오스틴 버트	미국
1845년	자동차 타이어	로버트 윌리엄 톰슨	미국
1853년	아스피린	샤를 게르하르트	프랑스
1855년	콘돔(고무 소재)	찰스 굿이어	미국
1857년	최초의 비행기	펠릭스 뒤 탕플	프랑스
1857년	화장실용 두루마리 휴지	조셉 가예티	미국
1865년	저온살균법	루이 파스퇴르	프랑스
1876년	전화(특허 획득)	알렉산더 그레이엄 벨	미국

1876년	현대식 냉동기	카를 폰 린데	독일
1879년	백열전구	조지프 스완	영국
1885년	광견병 백신	루이 파스퇴르	프랑스
1895년	X선	빌헬름 뢴트겐	독일
1917년	레이저	알베르트 아인슈타인	독일
1921년	결핵예방백신(BCG)	알베르 칼메트, 카미유 게랭	프랑스
1925년	식품 냉동기술	클래런스 버즈아이	미국
1928년	페니실린	알렉산더 플레밍	영국
1930년	접착테이프 (스카치테이프)	리처드 드류	미국
1931년	전자현미경	에른스트 루스카, 막스 크놀	독일
1934년	인공 방사능	이렌느 졸리오 퀴리와 프레데릭 졸리오 퀴리 부부	프랑스
1939년	DDT(살충제)	파울 헤르만 뮐러	스위스
1941년	플루토늄 발견	글렌 시보그, 에드윈 맥밀런, 조셉 윌리엄 케네디, 아서 월	미국
1942년	원자로(최초의 핵분열 연쇄반응)	엔리코 페르미	미국
1945년	원자폭탄	로버트 오펜하이머	미국
1946년	최초의 램제트 엔진 제트기	르네 레두끄	프랑스
1952년	수소폭탄	에드워드 텔러, 스타니스와프 울람	미국
1953년	DNA 구조 (이중나선구조) 발견	제임스 왓슨, 프란시스 크릭	미국, 영국

1954년	소아마비 백신	조너스 소크	미국
1956년	경구용 피임약	그레고리 핀커스, 존 록	미국
1965년	이메일		미국
1967년	최초의 심장 이식	크리스천 버나드	남아공
1968년	최초의 유전자 합성	하르 고빈드 코라나	미국
1969년	아파넷(인터넷의 시초)		미국
1969년	최초의 인공심장	덴튼 쿨리	미국
1973년	휴대전화	마틴 쿠퍼	미국
1974년	스마트카드(IC 카드)	로랑 모레노	프랑스
1975년	광섬유	벨 연구소	미국
1977년	최초의 시험관 수정	패트릭 스텝토, 밥 에드워드	영국
1978년	GPS (위성위치 확인시스템)	미국 국방성	미국
1983년	에이즈 바이러스 발견	장 클로드 셔먼	프랑스
1988년	낙태약	에티엔느 에밀 볼류	프랑스
1989년	월드와이드웹(www)	팀 버너스리, 로베트 카일리아우	CERN(유럽원자 핵공동연구소) (스위스 제네바)
1998년	MP3 플레이어	새한정보시스템	대한민국
2004년	페이스북	마크 저커버그	미국
2006년	트위터	잭 도시, 에번 윌리엄스, 비즈 스톤, 노아 글래스	미국

하천 범람 '100년 주기설', '100분의 1 확률설' 무엇이 맞을까?

하천이 100년마다 범람한다는 것이 아니라 매년 범람할 확률이 100분의 1이라고 해야 옳다. (매년 발생률이 1/100이므로 100년에 한 번 꼴로 나타나는 것처럼 보인다 — 옮긴이) 이 확률은 매년 똑같이 유지되며 역사상 확률의 이변은 없었다. 그런데 프라하는 예외였다. 2000년부터 2010년 사이에 두 차례나 발생했다. 지역에 따라서는 강도가 더 높게 나타나는 곳도 있다. 예를 들어 프랑스는 지난 1910년 센강이 범람했는데 무려 한 달 넘게 지속되었다. 이를 계기로 파리시는 예방책을 정비해왔다. 이런 생각지 못한 수위 상승이 닥칠 경우 도시 전체가 마비될 우려가 크기 때문이다. 150만 인구는 전기 공급이 차단되고 500만 명은 식수 이용을 전혀 할 수 없게 되어, 최소 40만 명 이상이 생업 전선에 직격탄을 받아 실직자 처지를 면치 못할 것으로 예상한다. 파리시는 2016년 초부터 이런 상황에 대한 시민의 경각심을 환기하는 영상을 제작, 방영하고 있다. "당신은 이 일을 맞닥뜨릴 준비가 되어 있습니까?"라는 표어를 걸고 말이다. 이 정도면 하천 범람에 대해 두려움이 엄습해오지 않을까?

지구에서 가장 높은 파도는?

지금까지 관측 사상 가장 높은 파도로 여겨지며 항해자들을 공포에 떨게 했던 악명 높은 파도는 거대한 장벽을 이룬 듯한 높이 20~35m에 달하는 파도였다. 하지만 MIT 소속 해양학자들이 2015년부터 관측한 자료에는 최고 기록이 500m로 나왔으니 그 규모가 감히 비교가 안 된다. 연구진이 관찰한 파도는 그 움직임이 바닷속에서부터 시작하므로 사람이 직접 눈으로 확인하는 건 사실상 불가능하다. '내부파內部波'라고 하는 이 파도는 해저에서 생성되어 아주 느린 속도로 이동하다가 최후에 폭발적인 에너지를 분출한다.

내부파가 발생하는 이유는 바닷물에는 여러 층이 있는데 그 층마다 밀도가 다르기 때문이라고 한다. MIT 학자들의 연구에서 주목할 점은 내부파가 먼바다에서 관찰되므로 위험이 따르기는 하지만 재생 에너지 개발을 위한 비장의 카드로서 전례가 없는 무한한 잠재력을 보유하고 있다는 사실이다.

동물은 얼마나 오래 살까?

'동물별 평균 기대 수명'은 여러 동물원에서 실시한 연구와 해당

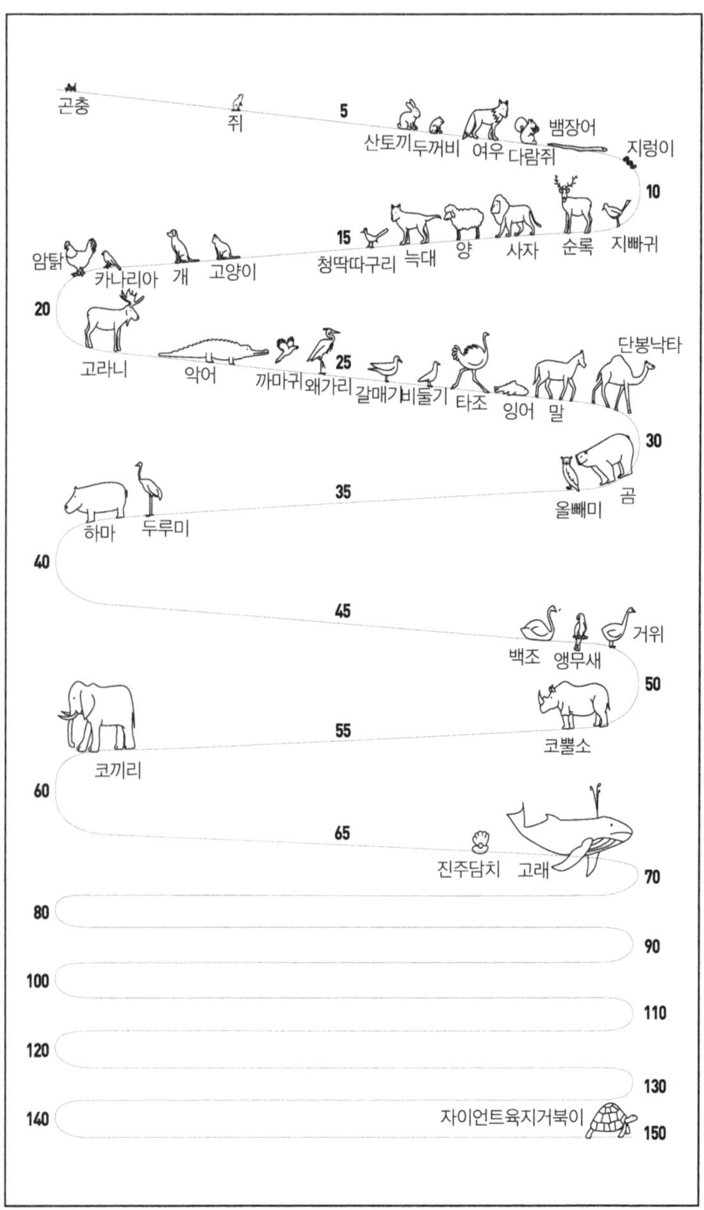

곤충
쥐
5
산토끼
두꺼비
여우
다람쥐
뱀장어
지렁이
10
15
청딱따구리
늑대
양
사자
순록
지빠귀
암탉
카나리아
개
고양이
20
고라니
악어
까마귀
왜가리
25
갈매기
비둘기
타조
잉어
말
단봉낙타
30
올빼미
곰
하마
두루미
35
40
45
백조
앵무새
거위
50
코끼리
55
코뿔소
60
65
진주담치
고래
70
80
90
100
110
120
130
140
자이언트육지거북이
150

동물에 능통한 생물학자들이 야생 상태에서 관측한 자료를 집계한 것이다.

동물 중에는 평균 수명을 가볍게 넘겨 오래도록 장수하는 종들이 있다. 가장 오래 산 것으로 확인된 동물은 507세를 기록한 대합류의 백합조개Artica islandica였다. 사용된 방법은 스클레로크로놀로지sclerochronology라고 하는데, 조개껍데기에 나 있는 생장선의 수를 세는 것이다. 이 연로한 대합은 출생 연대의 중국왕조 명明의 이름을 따 '밍Ming'으로 명명되었다.

밍은 영국 웨일스 뱅거 대학교 실험실의 미숙한 취급으로 2006년 생을 마감했다. 대합들이 무분별한 어획과 해양 오염의 직접적인 희생양이 되면서 강기슭이며 해안에서 몇백 살 먹은 대합을 발견하는 게 점점 더 어려워지고 있다.

동물계의 이름난 연장자 가운데는 조너선이라는 애칭이 붙은 자이언트육지거북도 있다. 현재 남대서양 세인트헬레나섬의 주지사 사저에서 지내는 조너선은 184세로 추정되며, 영험하고 신성한 존재로 받들어지고 있다. 조너선은 2006년에 인도 벵갈루루에서, 1750년에 태어났던 아드와이타라는 자이언트육지거북이 256세로 죽고 나서 세계에서 가장 오래 산 거북이로 등극했다. 한편 일본에서는 비단잉어가 장수 동물로 유명하다. 1977년 226세로 죽은 비단잉어 하나코가 현재 전 세계를 통틀어 최장수 어류로 기록되었다.

2001년에는 알래스카 대학교 연구진이 19세기 에스키모들이 사용했던 작살의 촉에서 피의 흔적을 분석하여, 211세 정도 된 고래를 죽인 것을 밝힌 바 있다. 지금껏 존재한 포유류 중에는 최고령일 것이다. 하지만 이처럼 몇 세기를 사는 생명체들도 불멸의 비밀을 알고 있는, 끊임없이 되살아나는 해파리와는 경쟁 자체가 안 될 것이다.

145

망각의 늪에 빠진 나이지리아 기름 유출

나이지리아 니제르 삼각주 해안에는 이미 50년 전부터 줄기차게 원유가 흘러들어 기름띠를 두르고 있다. 이 지역은 세계 최대 규모의 원유 생산지로써, 송유관 노후화가 가장 극심한 곳이기도 하다. 수천 킬로미터에 달하는 송유관이 부식 또는 파열되면서 무방비로 유출된 검은 기름이 삼각주 주변의 하천을 뒤덮어온 것이다. 이에 지역 주민들은 관련 석유회사들(대다수가 미국, 영국, 프랑스계 기업)을 송유관 관리 부실로 고소했으나, 회사들은 책임을 회피하고 지역 반군이 원유 절도를 위해 고의로 파손한 것이라는 혐의를 제기했다. 이러한 공방의 결과는 원유 유출 사상 유례가 없는 생태계 파괴와 환경오염이라는 대참사를 몰고 왔다.

비정부 인권옹호기구인 국제사면위원회에 따르면 50년 사이에 120만 톤의 원유가 주변 해역과 습지, 토양에 퍼졌다고 한다. 석유회사 토탈의 유조선 에리카호가 프랑스 해역에 침몰할 당시(1999년) 유출된 기름양이 해마다 유출되어온 셈이다.

기름 유출로 황폐해진 것은 비단 환경만이 아니다. 어업과 농업에 의존해 살아가는 지역 주민들이 1순위로 타격을 입어 불과 2세대 만에 기대 수명이 40세로 급감했다. 과학자들은 정화 작업을 시행해 생명이 살 수 있는 곳으로, 물을 마실 수 있게 하는 데만도 최소 25~30년이 걸릴 것으로 예측한다. 문제는 복구 작업이 아직 시작할 기미조차 보이지 않는다는 점이다.

146

학문 분류 3

- **식물학 : 식물을 연구하는 학문**
    - 수목학 : 나무를 연구하는 학문
        - 목재학 : 목재를 연구하는 학문
    - 화분학 : 화분花粉을 연구하는 학문
    - 초본학 : 초본을 연구하는 학문
    - 포도나무재배학 : 포도나무를 연구하는 학문
    - 과수원예학 : 과일을 연구하는 학문
    - 식물사회학 : 식물 군락을 연구하는 학문
    - 선태학 : 이끼류를 연구하는 학문
    - 해조학 : 해조를 연구하는 학문
    - 약용식물학 : 약용식물을 연구하는 학문

- **생물학에 속한 기타 학문**

    - 진균학 : 버섯류를 연구하는 학문

    - 지의류학 : 지의류를 연구하는 학문

    - 미생물학 : 미생물(효모, 세균 등)을 연구하는 학문

        - 세균학(생물학의 분과)

    - 세포학 : 세포를 연구하는 학문

        - 세포형태학 : 세포의 형태를 연구하는 학문

        - 핵학 : 세포핵을 연구하는 학문

        - 효소학 : 효소를 연구하는 학문

    - 성장학 : 생물의 성장을 연구하는 학문

    - 번식학 : 번식과 유전을 연구하는 학문

    - 유전생태학 : 유전인자를 연구하는 학문

    - 시간생물학 : 생체 주기를 연구하는 학문

    - 수면학 또는 최면학 : 수면을 연구하는 학문

    - 생물계절학 : 생물의 계절적 현상을 연구하는 학문(식물의 개화, 철새의 이동 등)

    - 생물분포학 : 생물의 지리적 분포를 연구하는 학문

    - 군집생태학 : 생태계 다양한 종의 관계를 연구하는 학문

    - 생태학(옛 명칭 : 풍토학) : 생물과 환경의 관계를 연구하는 학문

    - 환경독성학 : 환경오염이 자연에 미치는 영향을 연구하는 학문

- 방사학 : 방사선이 생물에 미치는 영향을 연구하는 학문
- 우주생물학 : 생명 존재(지구 및 우주)의 필수요건을 연구하는 학문
- 분화석학 : 생물의 배설물을 연구하는 학문

- **우주과학·지구과학**
  - 우주학 : 우주의 원리와 구성을 연구하는 학문
  - 태양학 : 태양을 연구하는 학문
  - 행성학 : 행성을 연구하는 학문
    - 수성학 : 수성을 연구하는 학문
    - 금성학 : 금성을 연구하는 학문
    - 월학 : 달을 연구하는 학문
    - 화성학 : 화성을 연구하는 학문
    - 목성학 : 목성을 연구하는 학문
    - 토성학 : 토성을 연구하는 학문
    - 천왕성학 : 천왕성을 연구하는 학문
    - 해왕성학 : 해왕성을 연구하는 학문
    - 명왕성학 : 명왕성을 연구하는 학문
    - 태양계외행성학 : 태양계 외부의 행성을 연구하는 학문
  - 지질학 : 지구를 연구하는 학문
    - 고층기상학 : 대기(고층의 기상)를 연구하는 학문

- 기상학 : 기상(기온, 바람, 강수 등)을 연구
  하는 학문
    - 기후학(Climatology, 氣候學) : 기후
      를 연구하는 학문(연구 대상 기간이
      기상학보다 장기적임)
  - 구름학 : 구름을 연구하는 학문
  - 뇌우학 : 뇌우를 연구하는 학문
- 토양학 : 토양을 연구하는 학문
  - 응용토양학 : 토양이 식물 생육에 미치는
    영향을 연구하는 학문
  - 농경토양학 : 토양과 농경의 관계를 연구
    하는 학문
- 지형학 : 지표의 기복 형태를 연구하는 학문
  - 카르스트학 : 카르스트 지형을 연구하는
    학문
  - 동굴학 : 동굴과 굴을 연구하는 학문
- 암석학 : 암석을 연구하는 학문
  - 퇴적학 : 퇴적물을 연구하는 학문
  - 광물학 : 광물을 연구하는 학문
    - 보석학 : 보석을 연구하는 학문
- 화산학 : 화산을 연구하는 학문
- 지진학 : 지진을 연구하는 학문

- 파랑학 : 파도와 모래언덕을 연구하는 학문

- 수문학 : 물을 연구하는 학문

  - 수리지질학 : 지하수를 연구하는 학문

  - 육수학 : 호수를 연구하는 학문

  - 하천학 : 하천을 연구하는 학문

  - 해양학 : 해양 환경을 연구하는 학문

- 빙하학 : 빙하와 빙붕氷棚을 연구하는 학문

- UFO학 : 외계생명체를 연구하는 학문

  - 크롭서클연구학 : 크롭서클crop circle(논밭의 작물이 특정한 무늬를 이루고 있는 현상에 대해 외계인이 관여했다고 보는 학설)을 연구하는 학문

147

지구에는 지금까지 모두 몇 명이 살았을까?

800억 명. 인류 역사가 시작된 후 현재까지 출생한 누적 인구를 추산한 최신 인구통계학 자료다. 하지만 고대를 비롯해 특히 선사시대는 인구 추정에 필요한 자료가 턱없이 부족한 까닭에 다분히 대략적인 수치일 수밖에 없다. 한 가지 확실한 경향은 인류의 절반이 지난 2천 년 동안에 살았다는 점이다. 20만 년이 넘는 장구한 인류 역

사에서 말이다! 더욱 놀라운 사실은 전체 800억 명 중에서 5분의 1이 19세기부터 현재까지 200여 년 동안에 태어났고, 10분의 1은 2025년에도 여전히 살아 있을 것이라는 점이다.

148

핵분열과 핵융합

핵에너지는 핵분열核分裂과 핵융합核融合의 두 가지 방식으로 생성된다.

- **핵분열**은 무겁고 불안정한 원자핵이 둘 이상의 가벼운 원자핵으로 쪼개지는 현상이다. 이때 분열하는 과정에서 열기, 즉 에너지가 방출된다. '우라늄 235'는 자연적으로 핵분열을 하는 유일한 분자다. 우라늄 235의 원자핵에 중성자를 갖다 대면 스스로 분열하면서 엄청난 에너지를 발산하는데, 단 1g의 우라늄 235만 있어도 석탄 몇 톤이 연소할 때 내는 에너지를 공급할 수 있을 정도다. 핵분열 시에는 이처럼 에너지(방사선)도 방출되지만 중성자들도 생성되어, 이 중성자들이 또 다른 우라늄들의 핵분열 반응을 연쇄적으로 유도한다.

  원자로를 가동할 때는 핵분열 반응이 과열되는 걸 막기 위해 핵연료에 흡수되는 중성자 수를 제어하여 핵연료의 연소를 조절하는데, 이처럼 핵분열 반응이 일정하게 유지되는 상태를 가리켜 원자로의 임계臨界라고 한다. 반대로 중성자의 수가 무한정 늘어나게 놔두면 핵분열이 아니라 '핵폭발'이 일어나며, 이것이 '원자폭탄'의 작동 원리다.

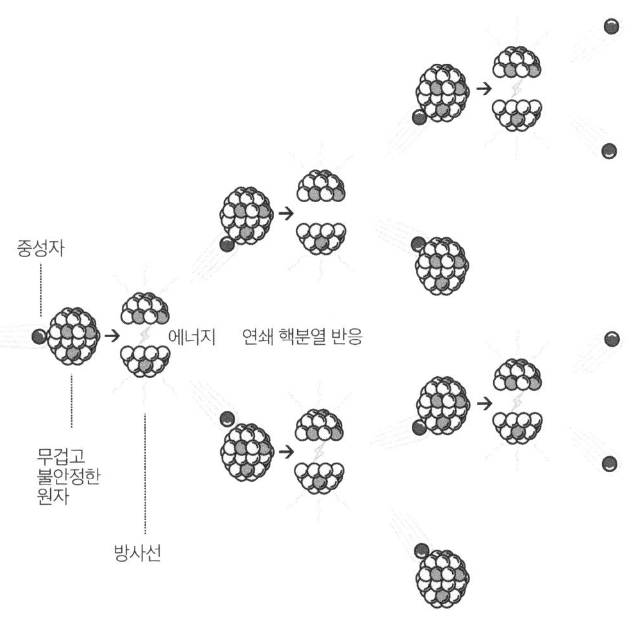

• **핵융합**은 가벼운 원자 두 개(수소동위원소인 '삼중수소'와 '중수소')를 접근, 융합시켜 하나의 무거운 핵을 생성하는 과정이다. 이를 위해서는 1억℃ 정도의 고온을 유지해야 한다. 태양도 핵에서 핵융합 반응을 일으켜 막대한 빛에너지를 뿜어낸다. 핵융합을 통해 새롭게 만들어진 핵은 원래의 안정 상태를 되찾기 위해

헬륨 원자(와 중성자)를 방출하며, 이 과정에서 핵분열 때보다 10배나 큰 에너지가 발생한다. '수소폭탄'의 내부에서도 바로 이런 과정이 진행된다.

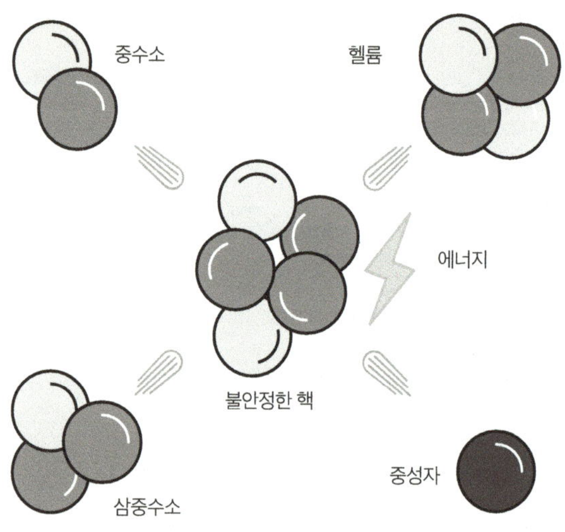

실험용 쥐들이 2마리 꼴로 팔려나간다. 매일 6만 8,500마리, 매년 2,500만 마리가 넘게 거래되는 셈이다. 쥐는 실험용으로 가장 많이 쓰이는 동물이다. 성장 속도가 빠르고 번식력이 왕성할 뿐만 아니라 몸집이 매우 작고 먹이가 거의 필요 없기 때문이다. 생리학적으로 인간에 더 가까운 원숭이와 돼지에게는 없는 쥐만의 장점이라 할 수 있다.

구름의 무게는?

구름은 솜털처럼 생겨서 무게가 거의 나가지 않을 것 같지만, 자그만 뭉게구름 한 덩이는 500톤의 물을, 큼지막한 적란운은 100만 톤의 물을 머금고 있다고 한다. 지구의 대기에는 12,000km³ 부피의 물이 수증기와 구름의 형태로 상시 저장되어 있다. 강수량으로 따지면 지표면 전체에 2cm의 강수를 뿌릴 수 있는 양이다.

구름의 유형

권운

권운卷雲은 새털구름, 털구름으로도 불린다. 하얀 섬유 모양을 비롯해 일부나 전부가 흰색으로 된 얇은 층 또는 띠의 형태로 흩어져 있는 구름이다. 섬유질(머리털) 같은 외양이나 비단 같은 광채, 또는 둘 다의 특징을 지니고 있다.

> 상층운上層雲은 대기권 윗부분, 6~13km 높이에 떠 있는 구름이다. 구름 입자는 주로 얼음 결정으로 이뤄진다.

권적운

권적운卷積雲은 비늘구름, 조개구름, 털쌘구

름으로도 불린다. 얇은 층을 이룬 흰 구름으로
음영이 없으며 알갱이 모양의 미세입자로 구
성된 잔물결 형태를 띤다. 구름 조각들이 결합
되어 있을 때도 있고 다소 규칙적으로 분산되
어 있을 때도 있다.

권층운

권층운卷層雲은 면사포구름, 털층구름, 햇무
리구름으로도 불린다. 속이 비치는 약간 흐릿
한 흰색을 띠는 구름으로 너울처럼 드리워져
있고 표면이 섬유질(머리털) 같거나 매끄럽다.
하늘의 전부 또는 일부를 덮고 있으며, 구름의
수증기가 햇빛이나 달빛에 비쳐서 해나 달의
언저리에 둥근 테두리를 이루는 햇무리 또는
달무리 현상을 만드는 데 달무리를 만들어낼
때가 많다.

고적운

고적운高積雲은 높쌘구름, 양떼구름으로도
불린다. 흰색 또는 회색을 띠거나 흰색과 회색
이 섞인 구름으로 음영을 드리우고 있다. 구름
조각들이 얇은 판이나 조약돌, 원통처럼 생겼

중층운中層雲은
2~7km 높이에
떠 있는 구름이다.
구름 입자는 주로
작은 물방울로
이뤄진다.

242

다. 섬유질처럼 성글게 흩어진 부분도 있지만 대체로 둥글둥글하게 덩어리져 있다.

고층운

고층운高層雲은 높층구름으로도 불린다. 층을 이루어 하늘의 전부나 일부를 덮는 잿빛 또는 푸른색을 띤 구름이다. 줄무늬나 섬유의 형태로 나타나기도 하고 두껍고 균일하게 발달하기도 한다. 이따금 반투명 유리처럼 얇고 희미하게 태양을 가려 태양 윤곽을 어슴푸레하게 보여준다. 고층운은 햇무리나 달무리를 만들지 않으며 비나 눈(다소 연속적) 또는 얼음 알갱이를 동반한다.

층적운

층적운層積雲은 두루마리구름, 층쌘구름으로도 불린다. 두꺼운 덩어리로 된 구름이 층을 이루고 있으며, 회색이나 희끄무레한 흰색 또는 두 가지 색을 동시에 띤다. 항상 어두운 부분이 있다. 구름 조각이 동전, 조약돌, 두루마리와 같은 형태로 되어 있다.

하층운下層雲은 지상 2km 이내에 낮게 떠 있는 구름이다. 지표에 닿으면 안개가 된다.

층운

층운層雲은 안개구름으로도 불린다. 회색의
균일한 구름이다. 이슬비나 싸락눈을 내린다.
태양이 비집고 나오더라도 태양의 윤곽을 확실
히 식별할 수 없다. 층운은 기온이 아주 낮지 않
는 이상 햇무리나 달무리 현상을 만들어내지 않
는다. 조각조각 찢긴 형태로 분포하기도 한다.

난층운

난층운亂層雲은 비층구름으로도 불린다. 어두
컴컴한 회색을 띠는 구름으로 장시간에 걸쳐
비나 눈을 내릴 기미를 보이다가 대부분의
경우 내린다. 태양을 완전히 가릴 만큼 구름
층이 두껍게 깔리며, 태양이 구름 뒤에 숨어
있어서 보기 어려울 때가 많다. 조각조각 찢
긴 토막구름(편난운片亂雲)이 낮은 높이에서 서
로 뭉쳐 있거나 흩어져 있다.

수직운守直雲은
수직으로 발달하는
구름으로, 동시에
여러 층에 걸쳐
분포하기도 한다.

적운

적운積雲은 뭉게구름, 산봉우리구름, 쌘구름
으로도 불린다. 희고 두꺼운 구름이 뭉게뭉게
피어올라 윤곽이 확실하게 나타난다. 원형 돌

기, 돔, 탑의 형태를 띠고 수직으로 발달하며 봉우리는 뭉실뭉실한 꽃양배추를 닮았다. 햇빛을 받는 위쪽은 새하얗게 빛나며, 아래쪽은 상대적으로 어둡고 편평하다. 조각조각 찢긴 형태(단편운斷片雲)를 보일 때가 많다.

적란운

적란운積亂雲은 소나기구름, 소낙비구름, 쌘구름으로도 불린다. 밀도와 강도가 높은 묵직한 구름으로 산이나 거대한 탑처럼 수직으로 높이 치솟아 있다. 윗부분은 섬유나 줄무늬처럼 확실히 드러나며, 대장간에서 쇠를 두드릴 때 받치는 넓적한 쇳덩이나 큼지막한 깃털처럼 보인다. 아래쪽은 매우 어둡고(난층운은 아래쪽을 보면 속에서부터 빛난다) 조각조각 찢긴 구름이 낮게 떠서 뭉치거나 흩어져 있을 때가 많다. 모든 종류의 강우를 동반한다. 뇌우를 동반하는 유일한 구름이기도 하다.

구름의 모양에 따라 열 가지로 나눈 것이다. 하지만 기상학자들은 더 정확한 구분을 위해 기준을 세분하기도 한다. 이러한 기준을 조합해보면 구름에 관해 수백 가지의 경우 수가 나올 것이다.

코끼리는 먹구름이 몰려오는 소리를 듣는다

동물의 세계가 가진 다양한 신묘한 재주는 지난 2015년에서야 확인되었다. 코끼리 무리가 있는 곳과 좀 떨어진 곳에 환풍기를 틀어 놓고 저 멀리서 비바람이 다가오는 효과음을 연출했더니 코끼리들이 귀를 쫑긋 세웠다는 연구 결과가 나왔다. 사람 귀에 들리지 않는 20Hz 이하의 초저주파 음을 코끼리가 감지한 것이다. 코끼리들이 물이 있는 곳을 찾아 장거리를 이동할 때 비상한 방향감각을 보이는 이유가 바로 뛰어난 청력에 있었다.

극미동물

극미동물Animalcule*은 인간의 정자를 발견하고 붙인 첫 이름이다. 1677년 네덜란드 과학자 안토니 판 레이우엔훅Antoni Van Leeuwenhoek은 300배 현미경을 이용해 최초로 정자를 발견한 후 이렇게 명명하고, 이듬해 런던왕립학회에 발견 사실을 보고했다.

*animalcule은 라틴어로 '작은(culum) 동물(animal)'이라는 뜻으로 미세동물과 원생동물을 이르는 고어다 — 옮긴이

독버섯

알광대버섯

학명 : Amanita phalloides

분포 지역 : 유럽 전역, 온화한 숲의 습한 토양에 분포함.

유체 시기에는 받침대에 놓인 흰색의 작은 알 모양을 띠다가, 성체가 되면 희푸르거나 흰 갓 아래로 주름살이 생긴다.

독성 : '독배毒杯'라는 별칭이 있을 만큼 모든 버섯을 통틀어 가장 위험하다. 한입만 먹어도 완전히 중독되며, 간과 신장이 파괴된 후 사망에 이른다. 이 버섯에 희생된 유명인으로는 로마제국의 황제 클라우디우스, 교황 클레멘스 7세, 신성로마제국의 황제 샤를 6세 등이 있다.

끈적버섯

학명 : 학명 Cortinarius orellanus

분포 지역 : 세계 전역, 아주 희귀함.

갓은 젖꼭지 모양의 돌기처럼 생겼고, 적갈색 바탕에 황갈색 음영이 드리워져 있다. 갓 아래쪽의 주름살은 진한 황토색을 띤다. 밑동은 그보다 밝다.

독성 : 24시간 잠복기를 거쳐 중독 증세가 나타난다. 체내 유입 시 신부전을 유발하며, 의식불명 또는 사망까지 초래하는 맹독이다. 건

강한 성인이 35g만 섭취해도 사망에 이를 수 있다.

마귀곰보버섯

학명 : 학명 Gyromitra esculenta

분포 지역 : 북반구 산림에 밀집함.

갓 부분이 쭈글쭈글 주름이 잡힌 공 모양이다. 마치 적갈색이나 황갈색의 작은 뇌처럼 보인다.

독성 : 버섯마다 독성의 정도에 상당한 차이를 보인다. 중증일 경우 신경계 장애(경련)와 급성 저혈당증을 일으킨다.

광대버섯

학명 : 학명 Amanita muscaria

분포 지역 : 북반부 전역, 열대 지역에도 분포함.

가장 잘 알려진 버섯의 모습으로 빨간 바탕의 갓에 좁쌀 같은 흰 반점이 촘촘하다.

독성 : 환각작용을 일으키는 것으로 유명하다. 실제 알려진 것보다는 덜 위험한 편이어서 한 번에 15개까지 섭취해야 중독되어 사망에 이른다.

외대버섯

학명 : 학명 Entoloma sinuatum

분포 지역 : 활엽수 언저리에 주로 분포함.

갓은 회백색을 띤다. 주름살은 선명한 노란빛이었다가 성숙기에 분홍빛 음영이 생긴다.

독성 : 맹독이지만 치사율은 매우 낮으며 급성 소화기 질환을 유발한다. 적절한 치료 시 독성이 6일 내로 소멸된다.

화경버섯

학명 : 학명 Omphalotus olearius

분포 지역 : 지중해 연안의 숲에 밀집함. 주로 올리브 나무 밑에 서식함.

갓과 밑동이 황색에 가까운 주황색이다. 갓은 볼록하며, 밑동은 촘촘한 섬유 조직을 띤다. 식용버섯으로 착각하기 쉽다.

독성 : 일시적 통증을 유발한다. 섭취한 지 최소 2시간 후에 중독 증상이 나타났다가 이후 3시간 내로 멎는다. 일상적인 소화기 장애와 더불어 눈물, 침, 땀의 과다 분비, 동공 협착 등의 증세를 동반한다.

포유류

현존하는 것으로 알려진 종의 수 : 약 5,000종	현재까지 알려진 포유류 화석 종의 수 : 15,000종

현생 포유류는 크게 세 종류로 나뉜다.

원수류原獸類	후수류後獸類	진수류眞獸類
알을 낳는 포유류. 현재까지 남은 종은 가시두더지(4종)와 오리너구리밖에 없다.	태아가 어미의 자궁에서 머무는 기간이 아주 짧은 포유류. 현존하는 것은 유대류 (캥거루, 코알라 등)가 유일하다.	태아가 어미의 자궁에서 충분히 발육한 후 출생하는 유태반류. 원수류와 후수류를 제외한 나머지 포유류로 인간을 포함하여 4천 종 이상이 있다.

　최초의 포유류는 2억 2000만 년 전, 공룡이 살던 시대에 나타났다. 이때의 포유류는 현존하는 뾰족뒤쥐의 모습에 가까운 주둥이가 뾰족하게 나온 작은 동물이었다. 당시 세계를 독차지하던 공룡과 파충류의 위세에 눌려 지내면서, 작고 날카로운 이빨을 이용해 작은 파충류나 동족을 잡아먹고 살았다. 고생물학자들은 중생대 포유류 중에 몸길이 1m로 가장 큰 몸집을 자랑했던 대형 쥐, 레페노마무스 기간티쿠스*Repenomamus giganticus*의 위장에서 작은 공룡을 발견하기도 했다.

　세월이 더 흘러 1억 2500만 년 전에는 나무에 살았던 것으로 보이며 곤충을 잡아먹고 크기가 쥐만 했던 작은 포유류가 지상에 첫발을 내디뎠는데, 바로 에오마이아Eomaia였다. 에오마이아는 최초의 진수류로 알려져 있다. 진수류는 태반에 양수가 있고 태아가 어미의 사궁에서 충분히 발육한 후 출생하는 유태반류有胎盤類로 이즈음부터 부계혈족 관계가 명확해지기 시작했다. 이로써 인류의 직계 조상이 유인원이기 이전에 설치류임을 알 수 있다. 인류의 계통수를 살펴보면 그 뿌리에 설치류가 있다는 뜻이다. 지구 최초의 작은 쥐가 고래의 먼 조상이기도 했다는 결론이 나온다.

6500만 년 전 공룡을 비롯한 대형 동물들이 멸종하면서, 포유류는 예상 밖의 호재를 맞았다. 운석이 지구에 충돌해 지구 기후가 급변하자, 민첩한 여우원숭이들은 천재지변을 피해 안전한 바위 틈새에 몸을 숨겼고, 덕분에 살아남아 인류의 계보가 이어질 수 있었다. 이제 포유류는 육지와 해양에서 번성해 종의 다양화를 보았으며, 동물계를 대표하는 가장 크고 발달한 종으로 거듭날 수 있었다.

155

상상을 자극하는 꽃, 난초

난초과는 식물계에서 아주 큰 부문을 이루는 외떡잎식물강에 속하며 바나나나무와 종려나무를 비롯해 2만 5,000종 이상을 포함한다. 사막과 하천 유역을 제외한 모든 기후대와 환경에 분포하는데,

그중 가장 화려한 종은 열대 지역이 원산지다. 난초는 1억 2000만 년 전 쥐라기, 그러니까 초대륙 판게아가 몇 조각으로 분리될 무렵 나타나 지구 곳곳에 흩어져 그 화려한 꽃을 피웠다.

'난초orchid'의 명칭은 땅속에 있는 덩이줄기를 보면 알 수 있듯이 그리스어로 '고환'을 뜻하는 'orchis'에서 유래했다. 호화로움, 이국적 정취, 절대미의 상징으로 사람들을 늘 매혹했고, 고대부터 꾸준히 관능과 사랑의 이미지를 표현했다.

진귀하고 감미로운 향을 자랑하는 '바닐라'도 실은 난초과의 열매다. 여성의 성기를 꼭 닮은 꽃 때문에 '여성의 꽃'으로도 불리는데, 남성의 성기를 뜻하는 이름이 변함없이 유지되고 있는 걸 보면 이중적인 정체성을 띤 양성兩性의 존재가 맞는 듯하다. 난초의 신묘함은 화분을 수정해줄 곤충들을 유인할 때 그 빛을 발휘한다. 벌을 흉내 내거나 암컷 벌의 페로몬과 유사한 물질을 뿜어내어 수컷 벌을 확 삼켜 버린다. 이렇듯 위험하고도 치명적인 몸짓으로 유혹한 다음 매력에서 헤어 나오지 못하게 만들어 버린다. 19세기 프랑스 소설가 레옹 블루아Léon Bloy는 난초를 보고 환각에 빠진 듯 묘사했다. "이 괴물 같은 식물은 예기치 않은 순간에 한 꺼풀 벗고 꽃망울을 터뜨리며, 도저히 상상할 수 없는 광경으로 활짝 피어난다. 모든 기관이 차라리 동물에 가까우며 움직임 하나하나에 음란함이 배어 있고 치명적 빛깔을 두른 것이 마치 식욕이나 본능, '욕망'의 대상을 대하는 듯하다."(《위스망의 무덤에서Sur la tombe de Huysmans》(1913))

육상에 진출한 최초의 생물

4억 4000만 년 전 육지 생태계를 점령한 것으로 추정되는 토르토 투부스Tortotubus라는 고대 균류가 그 주인공이다. 이 생물이 존재한 시기에는 대부분 생물이 바다에 몰려 있었고, 지구 표면에는 이끼류 나 지의류처럼 지극히 단순한 생명체밖에 없었다. 토르토투부스의 존재를 발견한 것은 생물 진화의 과정을 이해할 때 한 가지 빠져 있 던 결정적 단서를 찾아낸 것이나 다름없다. 생명이 살지 않는 척박 한 대지에 이 균류가 비옥한 토양을 마련해준 덕분에 이후의 식물과 동물들이 차례로 출현할 수 있었을 것이다.

시력이 정상 범위에서 벗어난 경우

시력이 나쁜 이유는 눈에 들어오는 빛을 올바로 굴절시키지 못하 기 때문이다. 정상적인 경우라면 눈에 들어온 빛의 초점이 동공과 수정체를 지나 안구 안쪽의 망막세포에 맺혀야 한다. 초점이 망막보 다 앞뒤에 맺히거나 한 점에 맞춰지지 않는 경우를 일러 학술용어로 '눈의 굴절 이상'이라고 하며, 다음의 다섯 가지 유형이 있다.

근시

수정체에서 망막에 이르는 안구의 앞뒤 길이인 안축이 '너무 길어' 눈에 들어온 빛이 망막보다 앞쪽에 초점을 맺는 눈. 멀리 있는 물체가 잘 안 보인다. 사람의 경우 4명에 1명꼴로 근시이며, 동아시아 지역에 가장 많이 나타난다.

원시

안축이 너무 짧아 눈에 들어온 빛이 망막보다 뒤쪽에 초점을 맺는 눈. 가까이 있는 물체가 잘 안 보인다. 유아기와 아동기에는 대부분이 원시이지만 안구가 성장하면서 저절로 교정된다.

난시

눈에 들어온 빛이 망막 위의 한 점에 모이지 않고 두 점에 초점을 맺는 눈. 물체가 흐릿하게 보이며 특히 선이 일그러져 보인다.

노안

노화가 진행되면서 수정체가 딱딱해져 초점 맞추기가 정상적으로 되지 않는 눈. 가까이 있는 물체가 뿌옇게 보인다.

부등상시

양쪽 눈이 빛을 똑같은 방식으로 굴절시키지 못하여 물체의 크기를 서로 다르게 인식한다. 아주 드문 질환이다.

158 포식자의 필수 요건, 동공

고양이의 눈동자 모양이 가느다란 수직형이란 건 다들 알고 있다. 하지만 염소나 말의 눈동자가 가느다란 수평형이란 사실은 잘 모를 것이다. 동물마다 동공 모양이 다른 이유에 대해서는 몇십 년째 연구가 진행되었다.

지난 2015년 미국-영국 공동 동물학 연구팀이 참신한 해석을 내놓았는데, 수직형 동공은 한 가지 대상에 초점을 맞춰 자세히 꿰뚫어 보는 능력이 우수하다는 것이다. 은밀히 잠복해 있다가 먹잇감과의 거리를 철저히 계산하여 한 치의 오차 없이 할퀴거나 물어뜯어야 하는 포식자들에게는 무엇보다 중요한 자질이다. 반대로, 수평형 동공은 좌우로 시야를 넓혀 빛을 포착하는 능력이 우수하다고 한다. 이처럼 주변 상황을 폭넓게 관망하는 파노라마 시야는 초식동물들이 포식자의 접근을 감시하거나 불규칙한 지형을 파악해 도망칠 때 유리하게 작용한다. 따라서 방목형 동물과 일반적인 초식동물(양, 염소, 영양 등)은 수평형 동공이, 육식성의 포식동물(악어, 뱀, 표범 등)은 수직형 동공이 적합하다. 이러한 경향이 보편적이지만 반대의 예도 있다.

호랑이와 사자, 치타 등의 고양잇과 맹수의 경우 대부분 동공이 둥근데, 동공 자체가 워낙 커서 세로로 가느다랗게 좁히지 않아도 초점을 맞출 수 있기 때문이라고 연구진은 설명했다. 마지막으로 초식동물들이 풀을 뜯어 먹을 때 고개를 숙인 상태에서 어떻게 주변을 감시하는지 조사했더니, 시선을 땅에 두면서도 계속 동공을 회전시켜 포식자의 접근을 경계하는 것으로 밝혀져 동공의 신비로움을 더해주었다.

태양계의 달

달(또는 위성)은 자기보다 큰 행성이나 왜행성의 둘레를 도는 천체를 말한다. 지구의 위성인 달을 제외하고, 처음 발견된 달은 1610년 1월 7일 갈릴레이가 탐지한 목성의 두 달인 이오와 칼리스토다. 현재까지 우리 태양계에는 183개의 달이 존재한다고 알려졌다.

지구(1개)

달

화성(2개)

그리스 신화에서 아레스와 아프로디테 사이에 태어난 쌍둥이의 이름.

포보스, 데이모스

목성(67개)

그리스-로마, 이집트, 켈트족 신화에 나오는 인물들의 이름.

메티스, 아말테아, 테베, 이오, 유로파, 가니메데, 칼리스토, 테미스토, 레다, 히말리아, 리시테아, 엘라라, 디아, 카르포, 에우포리에, 므네메, 에우안테, 오르토시에, 하르팔리케, 프락시디케, 티오네, 텔크시노에, 아난케, 이오카스테, 헤르미페, 헬리케, 헤르세, 에우리도메, 파시테아, 칼데네, 아르케, 이소노에, 에리노메, 칼레, 아이트네, 타이게테, 카르메, 헤게모제, 칼리케, 파시파에, 에우켈라데, 스폰데, 실레네, 메가클리테, 칼리로에, 시노페, 아우토노에, 아에데, 칼리코레, 코레, 그 밖의 16개는 이름 없음.

토성(62개)

처음에는 신화 속 거인들의 이름. 나중에는 그리스-로마, 켈트족, 노르딕 신화에 등장하는 다양한 인물군의 이름.

판, 다프니스, 아틀라스, 프로메테우스, 판도라, 에피메테우스, 야누스, 아이가이온, 미마스, 메토네, 안테, 팔레네, 엔셀라두스, 테티스, 텔레스토, 칼립소, 디오네, 헬레네, 폴룩스, 레아, 타이탄, 하이페리온, 이아페투스, 키비우크, 이지라크, 포이베, 팔리아크, 스카티, 알비오릭스, 베비온, 에리아푸스, 샤르나크, 스콜, 타르보스, 타르퀘크, 그레이프, 휴로킨, 문딜파리, 야른삭사, 나르비, 베르겔미르, 스툰그르, 하티, 베스틀라, 파르바우티, 트리므르, 에기르, 카리, 펜리르, 술투르, 이미르, 로게, 포르뇨트, 그 밖의 16개는 이름 없음.

천왕성(27개)

셰익스피어와 알렉산더 포프Alexander Pope의 작품에 등장하는 인물들의 이름.

코델리아, 오필리아, 비안카, 크레시다, 데스데모나, 줄리엣, 포셔, 로잘린드, 큐피드, 벨린다, 페르디타, 퍽, 마브, 미란다, 아리엘, 움브리엘, 티타니아, 오베론, 프란시스코, 칼리반, 스테파노, 트링큘로, 시코락스, 마가렛, 프로스페로, 페르디난드

해왕성(14개)

바다 신들의 이름.

나이아스, 탈라사, 데스피나, 갈라테이아, 라리사, 프로테우스, 트리톤, 네레이데스, 할리메데, 사오, 라오메디아, 프사마테, 네소, 그 밖의 16개는 이름 없음.

왜행성의 달

명왕성(5개)

그리스 신화에 등장하는 저승 신들의 이름.*

카론, 스틱스, 닉스, 케르베로스, 히드라

* 사실 닉스Nix는 이집트 신화에 나오는 밤의 여신이다. 명왕성의 달들은 그리스 신화 속 신들의 이름을 빌려왔으므로 그리스 여신인 닉스Nyx로 해야 맞겠지만, 이미 다른 소행성에 닉스Nyx라는 이름이 붙어 있다. 그래서 혼동을 방지하기 위해 불가피하게 이집트 여신 닉스Nix로 정했다.

하우메아(2개)

하와이 신화에 등장하는 신들의 이름.

나마카, 하이아카

에리스(1개)

그리스 신화에 나오는 무법의 여신 이름. 참고로, 에리스는 불화의
여신.

디스노미아

쌍둥이

통계

- 신생아 85명당 평균 한 쌍의 쌍둥이가 태어난다.

- 쌍둥이의 3분의 1만이 일란성 쌍둥이(엄밀한 의미의 쌍둥이)다.

- 현재 쌍둥이와 세쌍둥이의 수는 세계 인구의 1.9%에 해당하는
  1억 2,500만여 명으로 추정된다.

- 쌍둥이 출생률은 인종에 따라 현격히 다르게 나타난다. 아시아
  에서 가장 낮고, 아프리카에서 가장 높다. 서아프리카 나이저
  강 유역에 사는 요루바족은 신생아의 10% 가까이가 쌍둥이로
  출생률이 가장 높다.

- 최근 50년 사이 선진국에서 쌍둥이와 같은 다태아 출생률이 폭발적으로 증가했다. 산모 연령이 가파르게 오르면서 인공수정 등의 난임 시술이 늘었는데, 임신 확률을 높이기 위해 배란유도제를 사용한 결과 난자가 동시에 여럿 배출된 것을 원인으로 꼽는다. 미국은 쌍둥이 출산율이 1980년에서 2009년까지 무려 76% 상승하여, 인구 1천 명당 18.9명에서 33.3명으로 껑충 뛰었다.
- 인공수정, 체외수정 같은 난임 시술을 택하는 부부는 쌍둥이를 출산할 확률이 최고 25%까지 올라간다(자연수정은 1.6%).

일란성 쌍둥이는 '엄밀한 의미의 쌍둥이'로 하나의 정자와 수정한 난세포가 둘로 분할되어 생긴다. 따라서 일란성 쌍둥이는 양쪽 모두 같은 유전형질을 지닌다.

이란성 쌍둥이는 '엄밀한 의미에서 쌍둥이가 아니며' 한 번에 두 개가 나온 난자가 두 개의 정자가 각각 수정해 생긴다. 유전적 관점에서 보면 이란성 쌍둥이는 일반적인 형제 또는 자매와 다를 바가 없다. 심지어 아버지가 서로 다를 수도 있다. 어머니가 시간차를 아주 짧게 두고 두 명의 다른 남성과 성관계를 하면 그렇게 된다.

일란성 쌍둥이는 생김새가 매우 닮기는 하지만 완벽하게 똑같지는 않다. 이렇게 보면 한 개인의 성장 발달을 좌우하는 요인들이 얼마나 많은지 알 수 있다. DNA가 모든 걸 결정하는 것은 아니라는 뜻이다. 성격은 말할 것도 없고 신체 특징까지도 물리적 현상, 의료,

교육, 문화 등 외적 환경의 영향을 받는다. 서로 떨어져 사는 일란성 쌍둥이는 함께 사는 경우보다 똑 닮을 확률이 떨어진다. 그래도 다른 형제나 자매보다는 서로 같은 유전성 질환에 걸릴 확률이 높아서 당뇨병은 30~40%, 다발성경화증은 15%의 확률로 함께 겪는다고 한다. 흔히 쌍둥이들이 그들만의 '비밀 언어'로 대화하는 걸 볼 수 있는데, 일심동체로 긴밀해진 연인이나 친구 등의 관계에서 형성된 언어와 별반 다르지 않다.

161

개가 먼저일까, 소가 먼저일까?

인류 최초의 가축은 개일까, 소일까? 인간이 처음 집에 들여 길렀던 소는 지금으로부터 1만 년 전 현재의 터키와 파키스탄 지역에 분포했던 들소 오로크스aurochs로 현재 멸종하고 없다. 이후 가축 사육 문화는 크게 두 가지 양상으로 전개되었는데, 중부 유럽과 인도 아대륙에서 새로운 혈통인 인도혹소와 황소가 출현하면서였다. 인도혹소는 9천여 년 전 가축화됐으며, 등에 지방과 근육으로 된 큰 혹이 있고 귀가 길게 늘어져 있다. 남아시아가 원산지로 더위에 강하며 목장에서 고기소와 젖소로 기른다. 황소는 8천 년 전 유럽에서 처음 가축화됐고, 5천 년 전 중국과 몽골, 한국 등지로 퍼져나갔다.

하지만 뭐니 해도 인류 최초의 가축은 개다. 2014년 연구에 따르면 오늘날 집에서 기르는 개들은 1만 6천~1만 1천 년 전 '가축화'된 단 하나의 종에서 유래한 것이라고 한다. 인류는 농경과 목축이 출현하기 전에 수렵과 채집을 할 때부터 개를 길러온 셈이다. 그런데 개와 늑대가 공동 조상으로부터 갈라져 나왔고, 개보다는 늑대에 가까웠던 조상 종이 수천 년 전 절멸했으니 인간이 늑대도 길렀다는 말인데, 대체 어떻게 길들였을까? 늑대가 평소에는 자기들끼리 무리 지어 떠돌다가, 인간이 매머드를 비롯한 대형 먹잇감을 사냥할 때 잘 따르며 힘을 보태고 그 공으로 남는 고깃덩어리를 얻었을 것으로 학자들은 추정한다. 그렇게 늑대는 조금씩 인간에 익숙해져 장작불의 열기를 나눌 만큼 친해졌을 것이다.

162

절망적인 북극의 미래

2015년 6월 북극곰들이 돌고래를 게걸스럽게 먹어치우는 광경이 최초로 목격되었다. 이를 관찰한 노르웨이 연구진은 지구 온난화의 직접적 폐해라고 분석하고, 빙하 감소의 여파가 북극고래를 비롯해 결국은 북극곰에까지 영향을 미치고 있다고 설명했다. 이런 추세라면 머지않아 몇 년 사이에 다른 종들도 북극곰의 먹이가 될 전망이다. 북극곰들은 잡은 돌고래를 다른 포식자들의 눈에 띄지 않게 눈구덩이에 파묻어 뒀다가 나중에 먹어치우는 등의 좀처럼 보기 드문 행동도 했다.

(163)

엉덩이를 따뜻하게

매머드mammoth(4만~1만 년 전 생존한 코끼릿과의 화석 포유류 ─ 옮긴이)가 혹독한 추위에 적응했던 방식을 보면 굉장히 경이롭다. 촘촘한 털과 두꺼운 피하지방층, 작은 귀도 큰 역할을 했지만, 냉기에 민감하고 열 손실이 많은 엉덩이를 따스하게 보호해준 항문돌기clapet anal의 공을 빼놓을 수 없다. 이 항문돌기의 존재와 역할이 알려진 것은 영겁의 세월을 시베리아와 북미의 영구동토층 깊숙이 잠들어 있던 매머드 화석이 발견되고서였다. 그전까지는 선사시대 그림 속에 나오는 매머드에 왜 이런 돌기가 달려 있는지 몰랐는데, 이제 그 이유를 설명할 수 있게 되었다.

미국에서 234마리에 달하는 새들이 고양이에게 잡아먹힌다. 2013년 미국에서 발표된 이 연구 결과는 새들의 죽음에 대해 우리가 그동안 얼마나 무관심했는지 일깨워준다. 고양이는 무시무시한 종족 확산 능력을 지닌 종으로서, 새로운 서식지에 유입할 경우 가공할 속도로 번식, 급증하여 기존 생태계를 교란한다.

164

뇌의 에너지 소비 5%

우리 뇌는 1초에 소비하는 에너지의 5%를 보는 데 사용한다. 시각은 에너지를 가장 많이 소모하는 감각이다.

165

알츠하이머병은 기억을 지워버리지 않는다

2016년 3월 보고된 이 사실은 '21세기 대표 질병'으로 고생하는 환자들의 완치를 염원했던 한 연구진이 하루속히 발병 원인을 규명하고자 시행한 연구에서 밝혀졌다. 연구진은 가설 증명을 위해 실험용 쥐를 이용했다. 첫 단계로 건강한 정상 쥐와 '알츠하이머'에 걸린 쥐를 실험 상자에 넣고 전류 자극을 주었다. 그런 후 다른 상자에 넣어뒀다가 24시간 뒤에 원래 상자에 다시 넣었더니, 건강한 쥐는 그 전날 받은 전기 충격을 기억하고 공포로 전율하는 증상을 보인 반면, 알츠하이머 쥐는 아무 반응이 없었다. 연구진이 알츠하이머 쥐의 기억작용 관련 신경망을 청색광으로 자극하자 알츠하이머 쥐에게서 불안 증세가 나타났다. 그제야 기억을 되찾은 것이다. 요컨대 알츠하이머병은 기억이 없어지는 병이 아니라 머릿속에 기억이 있어도 기억을 못 해내는 병이라고 할 수 있다.

나쁜 기억을 지워주는 알약

독일 하이델베르크 유럽분자생물학연구소^{EMBL} 연구진은 2016년 3월 과학 학술지 〈네이처〉에 올린 논문에 기억을 소멸시키는 작용과 연관된 뇌 회로를 발견했다고 밝혔다. 쥐의 해마에서 기억 관련 부위를 연구한 결과, 망각 유도 신경회로를 활성화하면 뇌에서 학습할 수 있음을 알아냈다고 한다.

쥐의 해마에서 기억회로를 차단했더니 신경 연결 기능이 급격히 저하되어 기억을 없앨 수 있다는 설명이었다. 실제로 해당 쥐는 일주일간 학습한 내용을 단 몇 분 만에 잊어버렸다. 연구진은 기억의 일부분을 지워 외상 후 스트레스 장애 등의 징후를 치료하는 약을 개발할 계획이다. 장차 몇 년 안에 가상이 현실화될 전망이다.

알레르기 항원 '알레르겐'

진드기

잔디의 꽃가루

고양이털

바퀴벌레

자작나무과의 나무(오리나무, 자작나무, 소사나무, 개암나무)의 화분

곰팡이(알터나리아속, 클라도스포룸속)

토끼털

라벤더꽃(또는 라벤더꽃 추출물)

식물의 유액(뽕나뭇과, 양귀비과, 국화과 식물에 포함된 흰색이나 황색의
액체 ─ 옮긴이)

일부 혈청血淸 및 예방접종용 백신

항생제 : 페니실린, 세팔로스포린

막시류(꿀벌, 뒤영벌, 말벌, 무늬말벌 등)의 독

알레르기 유발 식품(빈발하는 순서로)

달걀

땅콩

어류

우유

대두, 렌틸콩, 완두콩

소고기

갑각류

겨자

개암(헤이즐넛)

코코넛

돼지고기

아주	┌ 닭고기
드물게	마늘
유발함	해바라기씨(기름)
	당근
	아몬드
	복숭아
	밀
	└ 토마토

천문 기호

천체를 나타내는 천문 기호는 고대 말부터 사용했다. 그러다 점차 추가되고 보완되어 18세기부터 공식 기호가 되었고, 새로운 천체를 발견하면 이 기호를 부여했다. 20세기 초까지는 천문학자들 사이에 사용되다가 점점 지구와 태양의 기호만 볼 수 있게 되었다. 이를테면 태양의 반경(약 6.957×10^8m)을 길이 단위로 하여 다른 행성들의 크기를 나타낼 때는 태양의 기호가 쓰인다. 과거에는 연금술사들도 천문 기호를 도입하여 태양으로 금을, 달로 은을, 금성으로 구리를 표현했지만, 오늘날에는 점성술가의 예언이나 별자리 운세에서만 접할 수 있다.

주요 천체

천체	기호	의미
태양	☉	태양을 상징하는 원반형
수성	☿	'메르쿠리우스(헤르메스)'의 날개 달린 모자와 지팡이, 또는 지팡이
금성	♀	'비너스(아프로디테)'의 손거울
지구		금성 기호를 뒤집은 모양
		적도와 자오선이 그려진 지구본
달	☽	상현달
		보름달
	☾	하현달
		초승달
화성	♂	'마르스(아레스)'의 창과 방패
목성	♃	로마신화 속 '주피터'의 독수리나 번개. 혹은 주피터에 대응하는 그리스신화 속 제우스를 상징하는 그리스어 자모의 6번째 ζ(Z, 제타)
토성	♄	'사투르누스(크로노스)'의 낫
천왕성		- 백금 모양. 천왕성으로 명명한 독일 천문학자 요한 엘레르트 보데Johann Elert Bode가 고안함 - 연금술에서 백금의 기호로 대용. 달과 태양의 기호를 결합한 형태
	♅	천왕성을 발견한 영국 천문학자 윌리엄 허셜William Herschel의 H와 그 아래의 구체. 주로 고대 영국 문학에서 사용됨
해왕성	♆	'넵투누스(포세이돈)'의 삼지창
		해왕성을 발견한 프랑스 천문학자 위르뱅 르 베리에Urbain Le Verrier의 L, V와 그 아래의 구체. 주로 고대 프랑스 문학에서 사용됨

신기한 동물, 벌거숭이두더지쥐

벌거숭이두더지쥐는 작고 못생긴 데다 눈도 멀었지만 신비롭기 그지없는 존재다. Heterocephalus glaber라는 학명을 가진 설치류로, 어디서도 볼 수 없는 뛰어난 저항력과 적응력으로 동물계에서 아직도 건재함을 자랑한다. 꿀벌처럼 군락을 이뤄 평균 30년을 사는데, 사람의 수명으로 치면 600년을 사는 셈이다. 남다른 장수의 비결은 심혈관계 질병, 신경계 퇴화, 암 등의 질병에도 끄떡없는 강철 면역력에 있다고 한다. 과학자들은 이 면역력에 주목하여 연구한 결과, 벌거숭이두더지쥐가 다량의 '히알루론산hyaluronic acid'을 분비하여 피부를 탄력 있고 두껍게 유지할 뿐만 아니라, 땅속 굴에서 상처가 나지 않게 스스로 보호한다는 사실을 알아냈다. 아울러 히알루론산은 세포외기질의 분자 주위에 철옹성 같은 보호막을 만들어 종양이 자랄 수 없게 원천 봉쇄를 한다.

두더지쥐의 초자연적 능력은 여기서 그치지 않는다. 고통을 느끼지 못하고 무감각하기 때문에 열이 나든 쓰라리든 생체 내외부에 어떤 손상이 가해지든 전혀 반응하지 않는다. 'P물질substance P'이라는 통증유발물질을 전혀 만들어내지 않기 때문이다. 게다가 수컷과 일꾼 두더지쥐들은 군락에 하나밖에 없는 여왕 두더지쥐를 적으로부터 보호하기 위해 죽는 순간까지 목숨 걸고 싸울 자세가 되어 있다.

산림 면적이 가장 넓은 나라들

유엔식량농업기구^{FAO}의 2005년 자료다.

국가	산림 면적 (단위 : 100만 헥타르 = 1만 km²)
러시아	809,000,000
브라질	478,000,000
캐나다	310,000,000
미국	303,000,000
중국	197,000,000
오스트레일리아	164,000,000
콩고민주공화국	134,000,000
인도네시아	88,000,000
페루	69,000,000
인도	68,000,000

171

산림의 종류

세계의 산림 지역은 그 성격에 따라 다섯 가지로 분류된다.

- **원시림**^{原始林} : 자생종으로 구성. 사람의 손이 닿지 않은 자연 그
  대로의 산림.

- **천연생림**天然生林 : 자생종으로 구성. 사람의 손이 닿았으나 자연
  의 힘으로 재생, 회복되고 있는 상태.
- **인공림**天然林 : 규정에 따라 인공조림 및 육림관리가 되고, 필요
  하면 사전 계획에 따라 정리되고 있는 상태.
- **경제림**經濟林 : 외래종(간혹 자생종)으로 구성. 목재 또는 비목재류
  등의 임산물 생산을 목적으로 계획적으로 식수, 조림하여 경제
  적으로 이용하는 산림.
- **보호림**保護林 : 외래종 또는 자생종으로 구성. 토양이나 수질 보호
  와 종의 다양성 보전을 목적으로 식수 및 조림된 산림.

세계 산림의 구성비(2005년 자료)

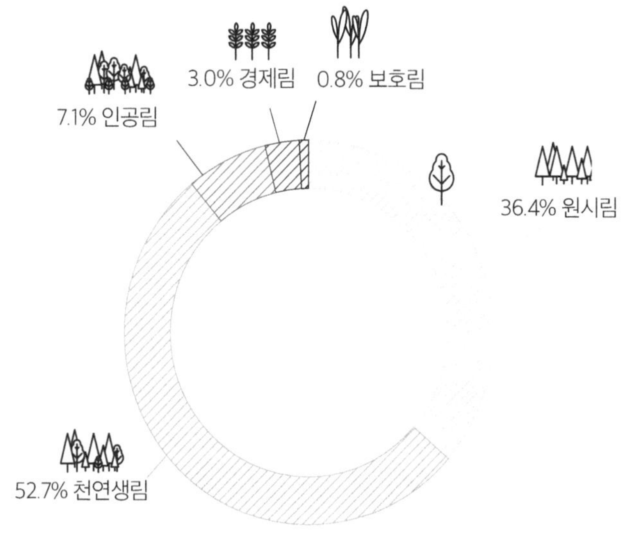

원시림은 세계 산림 면적의 3분의 1을 차지하지만 벌채와 용지 변경 등으로 매년 6만 km²씩 사라지고 있다. 경제림과 보호림을 합친 면적은 2000년부터 2005년 사이에 2만 8,000km²가 늘어났고, 그 후 140만 km²를 점하고 있으며, 이에는 경제림 조성 효과가 크게 작용했다.

(172)

종려나무

식물학적 관점에서 보면 종려나무는 나무가 아니라 거대한 풀이다. 나무라면 으레 있어야 할 가지가 없고 섬유질의 줄기만 있기 때문이다. 이 줄기가 몸체의 지름이 되어 꼭대기까지 자라며 꼭대기에 널따란 잎이 달리고 잎에서 꽃이 핀다. 종려나무의 키는 종과 기후에 따라 현저히 다르다. 2m까지만 자라는 종들이 있는가 하면, 무려 20m에 도달하는 종들도 있다.

최초의 종려나무 화석을 분석한 결과 1억 2천만 년 전의 것으로 확인됐는데, 현재 세계에서 가장 큰 종려나무로 알려진, 세이셸에 있는 유명한 야자수 '코코 드 메르coco de mer' 종도 결국 최초의 종자에서 비롯됐을 것이다. 코코 드 메르는 무게가 평균 20kg이나 나간다고 한다.

지구는 우리은하에 존재하는 유일한 문명일까?

우리은하에는 지적 생명체로 이뤄진 문명체가 얼마나 있을까? 1961년 미국 천문학자 프랭크 드레이크Frank Drake는 이러한 의문에서 시작해 드레이크 방정식Drake equation이라는 유명한 방정식을 만들었다.

이 방정식을 풀려면 우선 은하계에서 매년 생성되는 항성의 수 R^*를 구해서, 이 항성들이 행성을 보유할 확률 fp와 항성에 속한 행성들 중에서 생명이 살 수 있는 행성의 수 ne를 곱한 다음, 이러한 조건이 되는 행성에 지적 문명체가 출현할 확률을 곱해야 한다. 이 가능성은 두 가지 경우로 나뉘는데, 하나는 생명체가 출현할 확률 fl이고, 다른 하나는 한 번 출현한 생명체가 지적 문명체로 진화할 확률 fi다. 이렇게 하면 이 방정식의 첫 부분 값을 도출할 수 있고, 이를 통해 현재 은하계에 존재할 가능성이 높은 문명의 수를 구할 수 있다.

$$R^* \times fp \times ne \times fl \times fi$$

하지만 아직 원하는 답을 구하지는 못했다. 현재 존재하는 문명의 수를 정확히 탐지하려면 은하계에 존재할 가능성이 높은 문명의 수를 구한다고 끝나는 것이 아니라 시간적 개념도 고려해야 한다. 즉 다른 별에 자신이 존재한다는 신호를 방출할 정도의 기술 수준에 이르지 않은 문명과 한때 존재했으나 지금은 멸종하고 없는 문명의 수를 빼야 한다. 정리하면, 하나의 문명이 단순히 생명을 띠고 존재한 기간이 아니라, 다른 별에 자신의 존재를 알릴 수 있는 통신 기술을 갖고 있을 확률 fc와 통신 기술을 보유한 문명이 존속할 수 있는 기간 L을 곱해야 한다. 앞서 구했던 방정식 값에 이 확률 fc와 기간 L을 곱하면, 현재 은하계에 존재하는 외계 문명의 수를 도출할 수 있다.

얼마가 나오는가? 각각의 변수마다 확실히 정해진 값이 없으므로 구하는 사람에 따라 다양한 값이 나오고 편차도 클 것이다. 다음은 1961년 드레이크와 동료들이 계산해서 등록한 값이다.

$$R^* = 10/년$$

$$fp = 0.5$$

$$ne = 2$$

$$fl = 1$$

$$fi = 0.01$$

$$fc = 0.01$$

$$L = 10,000년$$

$$N = R^* \times fp \times ne \times fl \times fi \times fc \times L$$

현재 우리은하 내 인간과 교신 가능한 문명의 수 N = 10

그린란드와 사하라 사막이 푸르렀던 시절

요즘의 모습을 보면 말도 안 된다고 생각하겠지만, 그린란드 Grønland가 아이슬란드어로 '푸른 땅'을 뜻하니 일리가 있는 얘기다. 현재는 두꺼운 빙관氷冠으로 덮여 있지만 45만 년 전에는 소나무, 주목朱木, 오리나무로 덮인 땅이었다. 고기후학의 연구법에 따라, 오랜 세월 빙하 속에 고스란히 보존된 화석의 DNA를 분석한 결과다. 그 시절에는 겨울 기온이 영하 17°C 이하로 내려가지 않고 여름은 영상 10°C까지 올라갔다고 한다. 오늘날 같은 얼음 벌판이 되기 전에는 나비, 파리, 풍뎅이, 매머드, 들소가 서식했다.

사하라 사막의 역사는 이보다 더 짧다. 기원전 9천 년경에는 초록이 무성하고 습윤한 지역(그린 사하라Green Sahara — 옮긴이)으로서 코끼리, 기린, 하마 등이 살았다. 세계 각지에 있는 선사시대에 그려진 그림들에서 확인할 수 있듯이 말이다. 지금으로부터 정확히 4900년 전 '아프리카 열대우림기'가 끝날 무렵 혹심한 변화가 일어났다. 2세기 만에 기후가 완전히 뒤바뀌어 메마른 사하라 사막으로 탈바꿈했다. 그런데 그보다 훨씬 앞서 8만 6천 년 전에는 지금보다도 훨씬 더 건조한 먼지투성이 사막이었다. 사하라의 지질 역사에서 더욱 놀라운 점은 700만 년 전부터 사막과 녹지가 번갈아 나타났다는 사실이다.

피부층

표피表皮 : 인체의 피부를 이루는 맨 바깥층이다. 가장 잦은 주기로 재생되는 층이기도 하다. 표피세포의 대부분 및 최하층을 구성하는 케라틴세포keratinocyte(각질세포)는 자외선으로부터 피부를 보호하는 색소세포인 멜라닌세포를 만들어낸다.

진피眞皮 : 피부를 이루는 가장 두꺼운 층이다. 다량의 콜라겐을 함유하고 있어 표피보다 단단하고 튼튼하며 탄력도 뛰어나다. 털과 땀샘(땀을 만드는 샘), 피지샘(지방을 분비하는 샘), 혈관을 비롯해 피부에 촉각기관 기능을 부여하는 신경세포가 있다. 표피에 영양을 공급해준다.

피하조직皮下組織 : 피부를 이루는 맨 아래층이다. 피부와 인체 내부기관의 경계로서 기관들을 덮고 있다. 에너지를 저장하는 한편, 체온 발산을 방지해준다. 귀와 눈꺼풀, 남성의 외부 생식기를 제외한 모든 부위에 존재한다. 외부의 강한 압력을 견뎌야 하는 발뒤꿈치와 엉덩이에 매우 두껍게 분포한다.

💬 2초 사이에 이런 일이!

지구에 존재하는 모든 아이폰에서 148kg에 달하는 이산화탄소가 배출된다. 1년이면 235만 톤이다.

코끼리를 '외눈박이 거인'으로 오인한 사연

그리스 신화에 '키클로페스Cyclopes'라는 외눈박이 거인 이야기가 나오는데, 고대 그리스인들이 시칠리아섬이나 크레타섬에서 왜소한 코끼리의 두개골을 사람의 것으로 착각하여 창작했을 가능성이 있다. 코끼리의 두개골 정중앙에 있는 비강鼻腔을 사람의 눈구멍으로 잘못 알았다. 그 당시 그리스인들은 살아 있는 코끼리를 본 적이 없으므로, 코끼리의 두개골은 더더군다나 본 적이 없었을 것이다. 그래서 사람의 두개골보다 3배 더 큰 두개골이 어떤 생물의 것인지 알아보지 못했을 것이다.

지진

격렬한 지진은 지각을 흔드는 데 그치지 않고 지축까지 틀어놓는다. 그 위력은 땅덩이의 짜임새를 바꿔 결국 육지를 재편하기도 한다. 지진학자들은 2010년 2월 27일 칠레 지진으로 지축이 8cm 움직였으며 그 결과 하루 길이가 1.26마이크로초(0.00000126초)가량 짧아졌다고 분석했다. 2011년 일본 후쿠시마 원전 사고를 촉발한 지진은 지축을 무려 17cm나 이동시켰다. 이런 식으로 지진이 거듭되

면 갈수록 지구가 빨리 회전하여, 결국 인류의 삶에 큰 지장을 초래
할 것이다.

기상 관측 사상 최고·최저 기온 기록

세계기상기구^{WMO}의 공인을 받지는 못했으나(현지 측정 기록만 인
정함), 미 항공우주국에서 쏘아올린 인공위성이 역대 최저 기온을
관측하는 데 성공했다. 이에 따르면 지구에서 가장 추운 곳은 남극
의 동토 한가운데 위치한 러시아 남극관측기지 '보스토크 기지'로,
2010년 8월 10일 기준 -93.2°C를 기록했다.

대륙	최저 기온		
	기온	지역	날짜
전 세계	- 89.2 ℃	남극 보스토크 기지	1983년 7월 21일
아프리카	- 23.9 ℃	모로코 이프랑	1935년 2월 11일
북아메리카	- 63.0 ℃ (그린란드 제외)	캐나다 유콘 준주 스내그	1947년 2월 2일
	- 66.1 ℃ (그린란드 포함)	그린란드 노스아이스	1954년 1월 9일
남아메리카	- 38.9 ℃	아르헨티나 사르미엔토	1907년 6월
남극	- 89.2 ℃	남극 보스토크 기지	1983년 7월 21일
아시아	- 67.8 ℃	러시아 베르호얀스크	1892년 2월 5일, 7일
		러시아 오이먀콘	1933년 2월 6일

| 유럽 | - 58.1 ℃ | 러시아 우스트 슈고르 (우랄산맥 페초라 근처) | 1978년 12월 31일 |
| 오세아니아 | - 23 ℃ | 오스트레일리아 샬롯 패스 스키 리조트 | 1994년 6월 29일 |

대륙	최고 기온		
	기온	지역	날짜
전 세계	56.7 ℃	미국 캘리포니아 퍼너스 크릭	1913년 7월 10일
아프리카	55 ℃	튀니지 케빌리	1931년 7월 7일
북아메리카	56.7 ℃	미국 캘리포니아 퍼너스 크릭	1913년 7월 10일
남아메리카	48.9 ℃	아르헨티나 멘도사주 리바다비아	1905년 12월 11일
남극	15.9 ℃	아르헨티나 남극관측기지 에스페란사 기지	1976년 10월 11일
아시아	54 ℃	이스라엘 키부츠 티라트 즈비	1942년 6월 21일 (영국 위임통치 영토)
유럽	48.0 ℃	그리스 아테네	1977년 7월 10일
오세아니아	50.7 ℃	오스트레일리아 남부 우드나다타	1960년 1월 2일

··· 2초 사이에 이런 일이!

유효기간이 지나지 않아 얼마든지 먹어도 되는 요구르트 제품 24개가 프랑스에서 버려진다. 매년 3억 6,500개의 요구르트가 낭비되는 셈이다.

세계 최대 망원경

2013년 칠레 북부 아타카마 사막에 설치된 전파망원경 '알마 ALMA (정식명칭 Atacama Large Millimeter/submillimeter Array)'는 높이 5,000m를 웃도는 세계에서 가장 큰 망원경이다. 약 1조 3천억 원에 달하는 규모 예산으로 유럽, 미국, 일본의 국제협력 프로젝트를 통해 완성되었다. 역대 망원경 가운데 가장 먼 거리를 관측하는데, 66개에 이르는 안테나들이 지름 16km의 거대한 눈이 움직이듯 작동한다. 2014년 7월에는 지구로부터 1만 1000광년 넘게 떨어진, 태양보다 100배 이상 큰 초대형 항성을 관측한 바 있다. 이를 계기로 천체물리학자들은 이토록 광대한 천체가 어떤 원리로 생성되었는지 연구에 돌입했다. 한편, 알마보다 우수한 성능의 망원경이 칠레 사막의 광활한 하늘 아래 시공되고 있으며, 2021년 본격 가동에 들어가 기존 '허블 망원경'보다 10배 이상 선명한 이미지를 제공할 전망이다. 우주 끝까지 탐측하여 지구와 유사한 행성들을 발견하는 것이 이 망원경의 주된 목표라고 한다.

친척뻘 동물 구별하는 법

크로커다일과 앨리게이터

주둥이를 보면 크로커다일crocodile은 뾰족한 편이고, 앨리게이터 alligator는 상대적으로 넓고 둥글다. 입을 다물면 크로커다일은 아랫니 두 개와 윗니 대부분이 보이는데, 앨리게이터는 윗니만 보인다. 크로커다일은 주로 열대 지역(아프리카, 아시아, 아메리카, 오스트레일리아 등)에 서식하며, 앨리게이터는 미국 '미시시피악어'와 중국 '양쯔강악어' 두 종류 정도가 남아 있다. 남미와 중미에 자생하는 '카이만' 속도 앨리게이터과 악어로 분류된다.

올빼미와 부엉이

부엉이는 올빼미의 남편이 아니다. 둘은 엄연히 다른 맹금류猛禽類다. 부엉이는 머리 위 양쪽에 '관모冠帽'라는 뿔처럼 생긴 작은 깃털이 달려 있다. 이를 귀로 혼동하는 사람이 많은데, 청각과는 전혀 관련이 없는 기관이다. 반면에 올빼미의 머리는 둥글고 매끈하다. 많은 언어에서 부엉이와 올빼미의 차이를 구분하지 않고 있다(영어의 'owl'은 올빼미와 부엉이를 통칭한다).

쌍봉낙타와 단봉낙타

둘의 차이는 쉽게 알 수 있듯이, 쌍봉낙타는 혹이 두 개이고 단봉낙타는 하나다. 둘 다 혹에 지방을 저장하는 덕분에 먹지도 마시지도 않고 몇 날 며칠을 걸을 수 있다. 그런데 둘은 절대 마주칠 일이 없다. 쌍봉낙타는 아시아에, 단봉낙타는 아프리카에 분포하기 때문이다. 이처럼 서식지에 따라 혹의 수도 다른데, 아시아(중국과 몽골)의 추운 사막에 사는 쌍봉낙타는 아프리카에 사는 단봉낙타보다 에너지가 더 많이 필요해 혹이 더 많다고 한다.

아프리카코끼리와 아시아코끼리

이름이 말해주듯 둘은 각기 다른 지역에 산다. 아프리카코끼리는 서식 환경에 따라 두 종류(초원 코끼리와 밀림 코끼리)로 나뉘며, 지구상에 살아남은 네 종의 코끼리 가운데 세 번째와 마지막으로 살아남은 종이 아시아코끼리에 속해 있다. 아프리카코끼리는 아시아코끼리보다 훨씬 크고 무거우며, 비례상 귀도 훨씬 거대하다. 수컷과 암컷 모두 어금니가 있는데, 아시아코끼리는 수컷만 어금니가 있다. 아프리카코끼리는 이마가 돌출돼 있고 아시아코끼리는 오목하다. 아프리카코끼리는 코끝에 삼각형의 작은 입술이 두 개 붙어 있는데, 아시아코끼리는 하나만 붙어 있다.

귀뚜라미, 여치, 베짱이

셋 다 그리스어로 '빳빳한 날개Orthoptera'를 뜻하는 직시류直翅類에 속한다. 몸 빛깔이 구분이 안 될 정도로 비슷비슷하다. 주로 녹색이나 갈색을 띠는데, 유럽 귀뚜라미는 갈색만 있다. 확실히 구별하려면 더듬이를 봐야 한다. 여치는 더듬이가 짧고 두껍지만, 귀뚜라미와 베짱이는 몸에 비해 길고 가늘다. 귀뚜라미와 베짱이를 구분하려면 암컷의 산란관(복부 끝의 뾰족한 기관으로 알을 낳을 때 쓰임)을 보는 것이 가장 좋다. 귀뚜라미는 산란관이 원통형이고 베짱이는 박판처럼 납작하다. 또 베짱이는 귀뚜라미보다 뒷다리가 몸에 바짝 붙어 있다. 마지막 구분법은 여치는 초식성이고, 귀뚜라미와 베짱이는 잡식성이라 작은 곤충들을 잘 잡아먹는다.

181
학문 분류 4

- **인류학 : 인류(의 문화적인 측면)를 연구하는 학문**
  - 민족학 : 다양한 민족을 연구하는 학문
  - 민족사회학 : 민족과 그 거주환경, 전통, 문화를 연구하는 학문
  - 매개학 : 문화와 기술의 전승을 연구하는 학문
  - 노년학 : 노화를 연구하는 학문
  - 죽음학 : 죽음을 연구하는 학문
  - 심리학 : 심리 현상과 행동을 연구하는 학문
    - 해몽학 : 꿈을 연구하는 학문
    - 웃음학 : 웃음을 연구하는 학문

- 성과학 : 인간의 성행위를 연구하는 학문
  - 외상학 : 신체의 물리적 외상을 연구하는 학문
- 인식학(론) : 학문 방법론의 역사를 연구하는 학문. 학문의 학문
- 고고학 : 유물과 유적을 연구하는 학문
  - 반지학 : 반지와 보석 조각彫刻을 연구하는 학문
  - 요업학 : 도자기를 연구하는 학문
  - 항아리학 : 항아리를 연구하는 학문
  - 도상학 : 도상과 고대 기념물을 연구하는 학문
  - 이집트학 : 고대 이집트를 연구하는 학문
  - 올멕학 : 올멕 문명을 연구하는 학문
  - 비잔틴학 : 비잔틴 문명을 연구하는 학문
  - 아시리아학 : 메소포타미아 문명을 연구하는 학문
  - 에트루리아학 : 에트루리아 문명을 연구하는 학문
- 서지학 : 서적과 문헌을 연구하는 학문
- 수비학 : 숫자와 상징을 연구하는 학문
- 음악학 : 음악을 연구하는 학문
- 종학 : 종·자명종·초인종 등에서 울리는 소리를 연구하는 학문
- 제분기학 : 방아, 맷돌 등의 제분기를 연구하는 학문
- 깃발학 : 국기, 군기 등의 깃발을 연구하는 학문
- 계측학 : 물리량 측정(길이, 무게 등)을 연구하는 학문

- 폐기물학 : 폐기물을 연구하는 학문

- **고생물학 : 고생물의 화석을 연구하는 학문**
    - 고인류학 : 인류의 진화를 연구하는 학문
    - 고생흔학 : 생명의 흔적과 화석을 연구하는 학문
    - 고동물학 : 동물 화석을 연구하는 학문
    - 고어류학 : 어류 화석을 연구하는 학문
    - 고식물학 : 식물 화석을 연구하는 학문
    - 고과실학 : 과일과 종자의 화석을 연구하는 학문
    - 고생태학 : 고생물과 환경의 관계를 연구하는 학문
    - 고육수학 : 퇴적물을 통해 호수를 연구하는 학문
    - 고수목학 : 나무 화석을 연구하는 학문
    - 고기후학 : 고기후를 연구하는 학문

- **물리학과 화학**
    - 유변학 : 물체의 변형과 흐름을 연구하는 학문
    - 방사선학 : X선을 연구하는 학문
    - 마찰학 : 마찰을 연구하는 학문
    - 발효학 : 발효를 연구하는 학문
    - 저온학 : 저온을 연구하는 학문

세계 핵무기 현황

다음 표는 2013년 초 기준 세계 '전략 전술 핵무기' 보유량 추정 치로, 물리학자 자크 빌랭Jacques Villain과 앙드레 모테트André Motet 의 공저《히로시마를 시작으로 핵 억제에 이르기까지D'Hiroshima à la dissuasion nucléaire》에 수록된 내용을 인용한 것이다.

	국가별 핵무기 보유량 추정치	전 세계 핵무기 총량 대비 비율(%)	국가별 핵무기 보유량 최대치 기록(연도)
미국	약 7,700대(실전용 2,150대)	44.55%	31,000대(1967년)
러시아	약 8,000대(실전용 4,500대)	49.2%	40,000대(1986년)
중국	약 250대	1.44%	250대(2013년)
프랑스	약 300대	1.74%	540대(1991년, 1992년)
영국	225대	1.3%	500대(1973~1981년)
이스라엘	약 80대	0.5%	80대(2004년 이후)
인도	90~110대	0.60%	110대(2013년)
파키스탄	100~120대	0.64%	120대(2013년)
북한	6~8대	0.03%	6~8대(2013년)
총계	약 17,270대(실전용 6,650대)	100%	

극한생물

초고온이나 초저온 등 여느 생물이라면 죽게 마련인 극단적인 환경에서 살아가는 생물을 가리켜 극한생물Extremophile이라고 한다. 간혹 곤충, 어류, 갑각류에서도 극한생물로 불릴 만한 생물이 있지만 지극히 예외일 뿐이고, 일반적으로는 박테리아처럼 펄펄 끓는 온천이나 화산 근처에서 살아가는 단세포 생물을 일컫는 말이다. 2003년 미국 MIT 연구진은 121°C에서도 끄떡없이 살아가는 생명체를 발견했고, 지금까지 불패의 기록으로 남아 있다.

매독이 돌아왔다

영원히 사라진 줄 알았던 전염성 성병 '매독梅毒'이 2000년대 들어 또다시 복병으로 떠올랐다. 매독은 성관계 시 세균을 통해 감염되어 피부와 점막에 발진을 일으킨 후 각종 장기臟器를 손상시킨다. 안면에 흉터를 남길 뿐만 아니라 뇌와 신경계, 심장, 눈에도 합병증을 유발한다. 1900년대처럼 대규모는 아니지만 10년 전부터 유럽을 중심으로 재유행하기 시작하더니 2015년 급속히 퍼졌다. 이는 당연히 위험한 성행위의 횟수 증가가 주요 발병 원인으로 꼽힌다. 성의학자들

은 매독을 예방하는 백신은 없고 콘돔 사용만이 유일한 예방책이라
고 조언한다.

높디높게 차오르는 조류

캐나다 : 캐나다 언게이바만은 만조 때의 수위가 17~20m, 펀디
만은 최고 18.50m까지 올라가 세계에서 가장 위험한 조류로 꼽힌
다. 뒤를 이어 아르헨티나 푸에르토 가예고스(16.80m), 영국 세번강
(16.50m), 캐나다 프로비셔만(16.30m)의 조류가 유명하다.

영국 : 브리스틀 해협은 밀물 때 해수면이 15m까지 상승한다.

프랑스 : 북서부의 몽셸미셸만은 바닷물이 '말 달리는 속도'로 올
라간다는 말이 있을 정도다. 물 높이가 15m에 도달하는 광경을 항
구도시 그랑빌을 비롯한 인근의 여러 지역에서 볼 수 있다.

노르웨이 : 살츠스트라우멘 해협은 밀물 때면 4억 만m³ 부피의 피
오르가 꽉 채워진다.

오스트레일리아 서부의 웨스턴오스트레일리아주 : 킴벌리 지역에 있는
'수평 폭포Horizontal Falls'는 해수면이 10m 높이까지 올라간다. 밀물
때 티모르해에서 몰려오는 파도가 좁은 해협을 뚫고 들어와 급물살을
일으켜 작은 텔벗만을 가득 채웠다가 쑥 비웠다 한다. 조수 간만의 차
로 만들어진 강력한 해류가 폭포가 낙하하듯이 세차게 휘몰아친다.

인도 남동부의 연방직할지 푸두체리와 베트남의 몇몇 항구 도시
는 하루에 파도가 한 번만 친다고 한다.

날로 강력해지는 슈퍼컴퓨터

기존 컴퓨터보다 1,000배 강력하고 에너지 소비는 10분의 1 수준
인 '슈퍼컴퓨터'를 2020년 선보이겠다고 세계적인 정보통신기업 아
토스가 공약했다. '불 세쿠아나Bull Sequana'라는 이름의 이 슈퍼컴퓨
터는 부동소수점 연산 횟수가 1초당 100경 번에 달해 현재보다 1,000
배 강한 '10^{18}급exascale-class'의 연산처리 성능을 발휘하게 된다.

동물들이 비처럼 쏟아진다고?

하늘에서 동물들이 마구 떨어지는 현상은 불가사의한 이야기가
아니라 있을 법한 현상이었다. 예를 들어 '개구리가 하늘에서 떨어
진다'는 일화가 성경에만 나오는 것은 아니다. 1953년 9월 7일 미
국 매사추세츠주 레스터에는 개구리 수천 마리가 비 퍼붓듯 마구 쏟
아졌다. 기원전 4세기 그리스 아테네에서도 물고기 떼가 사흘 내내

펠로폰네소스반도로 비 오듯 쏟아졌다고 한다. 이처럼 황당무계한 예가 한둘이 아니다. 1877년 미국 테네시주 멤피스에서는 뱀 떼가, 1969년 미국 메릴랜드주에서는 오리 떼가, 1978년 오스트레일리아에서는 새우 떼가 비 내리듯 떨어졌다.

이런 현상에 대해 과학자들 사이에는 온갖 추측이 난무했지만 아직 풀리지 않은 채 수수께끼로 남아 있다.

지질구조판

1차 판

대륙의 주요 부분과 태평양을 형성하고 있는 7개의 주요 판

아프리카 판

남극 판

오스트레일리아 판(또는 인도-오스트레일리아 판)

유라시아 판

북아메리카 판

태평양 판

남아메리카 판

2차 판

아라비아 판을 제외하고, 표면적이 눈에 띄게 드러나지 않는 소규모 판

- 아라비아 판
- 카리브 판
- 코코스 구조판
- 후안데푸카 판
- 나즈카 판
- 필리핀 판(또는 필리핀해 판)
- 스코티아 판

3차 판

지질학계의 합의가 이뤄지지 못한 초소형 판들이다. 3차 판은 상위 범주인 1차 판 혹은 2차 판과 부분적으로 연결된 경우가 많다.

아프리카 판

    마다가스카르 판

    누비아 판

    세이셸 판

    소말리아 판

남극 판

케르겔렌 판

셰틀랜드 판

사우스샌드위치 판

인도-오스트레일리아 판

오스트레일리아 판

카프리콘 판

퓌튀나 판

인도 판

케르마데크 판

마오케 판

니우아포우 판

스리랑카 판

통가 판

우들라크 판

카리브 판

파나마 판

코코스 판

리베라 판

유라시아 판

아드리아해 판

아무르 판

아나톨리아 판

버마 판

이베리아 판

이란 판

반다해 판

에게해 판

말루쿠 해 판

할마헤라 판

상이헤 판

오키나와 판

순다 판

티모르 판

양쯔 판

후안데푸카 판

익스플로러 판

고르다 판

북아메리카 판

그린란드 판

얀마위엔 판

오호츠크 판

태평양 판

새머리 판

북비스마르크 판

남비스마르크 판

캐롤라인 판

이스터 판

갈라파고스 미판

북갈라파고스 미판

후안페르난데스 판

쿨라 판

마누스 판

솔로몬 해 판

뉴헤브리디스 판

밸모랄 환초 판

콘웨이 환초 판

필리핀 판

마리아나 판

남아메리카 판

알티플라노 판

포클랜드 미판

북안데스 판

페루 안데스 판

털

털은 머리털, 갈기, 깃털, 꼬리털, 털가죽 아니면 좀 더 유식한 용어로 '표피성 기관' 등으로 불린다. 언어마다 털이라는 낱말이 보편적으로 존재하며, 생명이 깃든 곳에는 으레 털이 있다. 생물에 따라 털의 구성 성분이 달라서, 척추동물은 '케라틴kerati', 세균은 '플라젤린flagellin', 곤충은 '키틴chitin'으로 되어 있다. 사람의 피부에는 400~500만여 개의 털이 나 있는데, 면적으로 따지면 약 $2m^2$ 정도 된다. 동물 가운데 털이 가장 무성한 수달은 $1cm^2$당 13만 개의 털이 있다. 지구에 존재하는 생명체는 태어날 때부터 털이 있으며, 30억 년 전부터 물이 있는 곳에는 '섬모충류纖毛蟲類'나 '편모충류鞭毛藻類'가 우글거렸다. 세균이나 갑각류는 물속에서 털을 이용해 위치를 감지한다. 은편모조류와 같은 조류도 편모를 이용해 움직인다. 육상의 식물도 동물 부럽지 않은 털을 지녔다. 나무딸기와 에델바이스에는 솜털, 쐐기풀에는 가시털, 사초에는 흐릿한 털, 끈끈이주걱에는 끈적끈적한 털, 민들레에는 갓털, 우엉꽃에는 갈고리 모양 털, 알프스 들장미 알펜로제의 꽃과 열매에는 가시털, 클레마티스에는 깃털 닮은 털이 있다.

공룡이 살던 시대는 털이 아니라 비늘의 전성기였다. 그러다 백악기에 접어들어서 털 난 포유류와 깃털 있는 조류가 육지와 공중을 점령했다. 척추동물의 털은 종류를 불문하고 체온 조절과 같이 외부 자극으로부터 피부를 보호하는 역할을 한다. 물론 종에 따라 특화된 기능도 있다. 박쥐는 털을 이용해 동굴 속의 습기를 액화시켜 몸에서 물기를 털어내고, 토끼는 자신의 털로 보금자리를 마련하거나 새끼를 키운다. 아울러 고양이, 사자를 비롯한 수많은 동물이 수염을 이용해 위치를 파악한다. 털에는 사교적 기능도 있어서 털 속의 기생충을 서로 잡아주는 행위를 통해 공동체의 평안과 결속력을 꾀한다.

특히 문화적 동물인 사람의 경우에는 체모가 단순히 생물학적인 기능을 넘어 고차원적인 기능을 담당한다. 체모를 다듬어 돋보이게 하거나 반대로 깎아 없애는 행위가 초기 인류부터 나타났다. 일례로 2만 5천 년 전에 만들어진 브라셈푸이의 비너스 상은 인류의 모발 단장 역사를 보여주는 가장 오래된 증거다. 또한 털은 남자다움을 과시하는 만국공통의 상징이면서도, 시대와 문화권에 따라 상징하는 의미가 다양하게 나타났다. 인류학자 크리스찬 브롬버거Christian Bromberger가 "털을 통해 역사의 미묘한 변화까지 감지할 수 있다"고 했듯이 말이다.

만인이 추종하는 구레나룻이나 콧수염 스타일이 있는가 하면, 털이 사회적 소외의 수단이 되기도 한다. 야만인의 덥수룩한 털은 야생 동물의 이미지와 결부되기 때문이다. 이와 동시에 털은 기존 질서를 위배하는 도구, 반항과 불복을 표현하는 수단, 속세로부터 단절된 은둔자들의 공통된 외양 등으로도 여겨져 왔다. 사실 오늘날처럼 체모 제거에 열을 올린 적도 없다. 게다가 털 때문에 냄새나고 불결해진다는 통념이 팽배해져 있는데, 결론적으로 말하면 잘못된 편견이다. 털은 신체의 위생과 청결을 유지해주기 때문이다. 그래도 유행은 돌고 도는 법이어서 털이란 털은 다 밀어버리는 시대가 있으면, 그다음에는 반발심으로 풍성한 체모를 추구하는 시대로 회귀하는 등 이 두 경향이 번갈아 나타난다. 요컨대 털은 인류학자들에게 무궁무진한 연구 주제를 제공한다. 남자와 여자, 교양인과 미개인, 인간과 동물을 구분하는 잣대로서 한 사회가 직면한 문제들을 압축하여 결정적으로 보여준다.

190

영원히 꺼지지 않는 전구

1901년 캘리포니아 리버모어의 한 소방서에 설치된 이후 지금까지 계속 켜진 전구가 있다. 2001년에는 '100세 전구'라는 별칭까지 얻었다. 4W 전압에 탄소 필라멘트를 발광체로 하는 백열전구로 세계 최고령 전구답게 불가피한 경우를 빼고는 꺼진 적이 없다. 초저전압으로 안정된 출력을 유지하는 데 장수 비결이 있는 듯하다. 원래 전압의 7% 정도만 출력하여 밝기가 초기의 0.3%에 불과하기 때문이다. 전문가들은 앞으로 수천 년, 아니 수백만 년도 더 빛날 수 있다고 추측한다. 한편, 30초 단위로 전구를 연속 촬영하여 현재 상태를 수시로 업데이트하는 웹캠이 설치될 예정이다.

* 공식 홈페이지 : www.centennialbulb.org

과학과 학문에 관한 어록

"양심 없는 과학은 정신의 파멸을 초래한 뿐이다."

-프랑스 작가 · 의학자 프랑수아 라블레Francois Rabelais

"인내는 과학의 난관을 뛰어넘는다."

-프랑스 조향사 피에르 구르동Pierre Gourdon

"과학에 대한 무지보다 더 심각한 것은 참된 과학을 왜곡하는 불순한 과학이다."

-프랑스 작가 · 군인 에르네스트 프시샤리Ernest Psichari

"인내 없이는 과학도 없다."

-장피에르 자루Jean-Pierre Jarroux

"새로운 과학 지식이 나올 때마다 또 하나의 무지가 추가된다."

-프랑스 시인 · 화가 앙리 미쇼Henri Michaux

"수학은 영원과 불변에 관해 연구하므로 실존하지 않는 것을 다루는 학문과도 같다."

-프랑스 철학자 · 언어학자 에르네스트 르낭Ernest Renan

"우리의 미래는 정치학이 아니라 과학 정책에 달려 있다."

-캐나다 소설가 마크 장드롱Marc Gendron

"모든 과학은 철학으로 시작해 예술로 끝난다."

-미국 철학자 · 역사학자 윌 듀런트Will Durant

"역사학은 인간의 불행을 연구하는 학문이다."

-프랑스 소설가 · 시인 레몽 크노Raymond Queneau

"예술은 혼란을 주고 과학은 확신을 준다."

-프랑스 화가 조르주 브라크Georges Braque

"과학은 자연을 묘사하며 시는 자연을 채색하고 미려하게 장식한다."

-프랑스 철학자·박물학자 조르주 루이 르클레르 뷔퐁
Georges Louis Leclerc de Buffon

"학문은 장군이고 실천은 그의 군사들이다."

-레오나르도 다빈치Leonardo da Vinci

"우물 안 학문에는 새 물이 들지 않는다."

-프랑스 소설가·극작가 쥘 르나르Jules Renard

"윤리는 과학이 갈 길을 안내하는 북극성임에 마땅하다."

-프랑스 문인 스타니슬라 드 부플레Stanislas de Boufflers

"종교가 오랜 세월 민중의 아편이었다면, 이제 과학이 그 역할을 이어받을 차례다."

-프랑스 시인 앙드레 브르통André Breton

"기적 그 자체인 과학과 기술을 아무 생각 없이 이용하고, 들판에서 풀 뜯는 소 한 마리가 식물의 세계와 식물학에 관해 전혀 모른다고 착각하는 사람은 스스로 부끄럽게 생각해야 한다."

-알베르트 아인슈타인Albert Einstein

멸종위기종 목록

2012년 국제자연보전연맹은 런던동물원과 공동으로 세계 100대 멸종위기종 목록을 발표했다. 100위까지의 '순위'를 매년 결정하지는 않는다. 동식물의 보존 상태를 조사할 때, 위험에 처한 정도가 어떤 것이 더하고 어떤 것이 덜한지 정확히 비교하기 어렵기 때문이다. 세계인의 관심을 촉구하며 〈귀중한 존재인가, 아니면 쓸모없는 존재인가? Priceless or Worthless?〉라는 다소 선동적인 제목으로 발표된 멸종위기종 목록을 살펴보자.

분류	학명	일반 명칭	분포 지역	추정 개체 수	멸종 위협 요인
식물	Abies beshanzuensis	태산 전나무	중국 저장성 태산	다 자란 나무 5그루	• 농사 • 산불
곤충	Actinote zikani	치카니 나비	브라질 상파울루 인근의 대서양림	미확인	• 인간의 영역 확대로 서식지 침탈
파충류	Aipysurus foliosquama	나뭇잎비늘 바다뱀	티모르 해의 애쉬모어, 히버니아 산호초	미확인	• 산호초 군락지 소멸이 원인으로 추정.
곤충류	Amanipodagrion gilliesi	아마니 실잠자리	탄자니아 우삼바라 산맥, 아마니시기 숲	←500마리	• 개체밀집도 희박 • 수질 오염
곤충류	Anisolabis seychellensis	세이셸 집게벌레	세이셸 마에 섬 모른느 블랑산	미확인	• 외래종 식물 침입 • 기후 변화

조류	Antilophia bokermanni	마나킨 새	브라질 북동부 세아라주 남부 샤파두 두 아라리피	779마리	• 농지 확장 • 유원지 건설 • 하천수로 변경
어류	Aphanius transgrediens	아파니우스	터키 아즈괼 호수 남동부의 경사형 분지	수백 마리	• 감부시아와 먹이 경쟁을 하거나 잡아먹힘. • 도로 건설
포유류	Aproteles bulmerae	뉴기니 박쥐	파푸아뉴기니 웨스턴주 루플푸르윈턴 동굴	약 150마리	• 사냥 • 동굴 생태계 교란
조류	Ardea insignis	흰머리 왜가리	부탄, 인도 북동부, 미얀마 북동부	70~400마리	• 수력발전소용 댐 건설
조류	Ardeotis nigriceps	검은머리 왜가리	인도 라자스탄주, 구자라트주, 마하라슈트라주, 안드라프라데시주, 카르나타카주, 마디아프라데시주	성체 50~249마리	• 농경지 확장
파충류	Astrochelys yniphora	안고노카거북(방사거북속)	마다가스카르 북서부 베드발리 국립공원	440~770마리	• 애완동물의 국제거래에 따른 밀렵 성행.
양서류	Atelopus balios		에콰도르 남서부 아수아이	미확인	• 전염병(항아리곰팡이병) • 삼림 개발 • 농경지 확대
조류	Aythya innotata	마다가스카르 흰죽지	마다가스카르 베알라나나 인근 화산호	성체 20마리	• 농경 • 수렵과 어업 • 외래종 물고기 유입

어류	Azurina eupalama	갈라파고스 자리돔	미확인	미확인	• 기후 변화 • 1982~1983년 엘니뇨현상과 관련한 해양 생태계 변화
어류	Bahaba taipingensis	황순어	중국 양쯔강 일대와 홍콩	미확인	• 전통 약재 수급을 위한 남획
파충류	Batagur baska	네손가락거북	방글라데시, 캄보디아, 인도, 인도네시아, 말레이시아	미확인	• 중국으로 불법 수출
식물	Bazzania bhutanica	벼슬이끼(이끼류)	부탄 부디니와 라페티 콜라	두 곳의 군락지	• 삼림 파괴 • 과밀 방목 • 삼림 개발
포유류	Beatragus hunteri	히롤라(소목 소과)	케냐 남동부, 소말리아 남서부(추정)	←1,000마리	• 서식지 • 가축들과의 먹이 경쟁 • 사냥
곤충류	Bombus franklini	프랭클린뒝벌	캘리포니아 오리건주	미확인	• 영리 목적으로 양봉되는 뒝벌이 옮기는 전염병에 전염됨 • 서식지 파괴 및 훼손
포유류	Brachyteles hypoxanthus	북부 양털거미원숭이	브라질 남동부 대서양에 인접한 열대 해안림	←1,000마리	• 무분별한 벌채, 대규모 삼림 개발
포유류	Bradypus pygmaeus	피그미세발가락 나무늘보	파나마 베라과스주 에스쿠도 섬	←500마리	• 맹그로브 숲 파괴 • 사냥
식물	Callitriche pulchra	(물별이끼)	그리스 가브도스 섬 일대 연못	미확인	• 방목지 개발 • 주민에 의한 연못 오염
파충류	Calumma tarzan	타잔 카멜레온	마다가스카르 아노시베 안알라 지역 및 동부	←100마리	• 농업

설치류	Cavia intermedia	산타카타리나 기니피그	브라질 산타카타리나주 몰레케스 두 술 섬	40~60마리	• 서식지 훼손 • 사냥 • 개체 수 급감
포유류	Cercopithecus roloway	롤로웨이원숭이	코트디부아르	미확인	• 사냥 • 서식지 파괴
포유류	Coleura seychellensis	세이셸대꼬리박쥐	세이셸 실루에트 섬과 마에 섬에 위치한 작은 동굴 두 곳	←100마리	• 서식지 파괴 • 병균에 감염된 생물종 포식
균류	Cryptomyces maximus	두건버섯강의 주발버섯	영국 웨일스 남서부의 펨브룩셔주	미확인	• 서식지 감소
포유류	Cryptotis nelsoni	넬슨작은귀땃쥐	멕시코 베라크루스주 산마르틴화산	미확인	• 삼림 파괴 • 과밀 방목 • 산불 • 농업
파충류	Cyclura collei	자메이카이구아나	자마이카 헬셔 힐즈의 야열대성 건조림	미확인	• 서식지 파괴 • 외래종에 잡아먹힘
식물	Dendrophylax fawcettii	케이맨 제도 난초	그랜드케이맨 섬 수도 조지타운에 있는 아이언우드 숲	미확인	• 사회기반시설 조성
포유류	Dicerorhinus sumatrensis	수마트라 코뿔소	말레이시아 사바주와 사라왁주, 인도네시아 칼리만탄섬과 수마트라섬	←250마리	• 사냥(뿔이 전통 약재로 사용됨)
조류	Diomedea amsterdamensis	암스테르담 알바트로스	인도양의 프랑스령 암스테르담섬 투르비에르 고원	성체 100마리	• 질병 • 주낙 낚시에 따른 우발적 포획
식물	Dioscorea strydomiana	마과의 식물	남아공 음푸말랑가주 아슈크 지역	200그루	• 약재용 채취

식물 (나무)	Diospyros katendei	감나무과	우간다 카시요하키토미 산림보호구역	20그루, 단 하나의 개체군	• 농업 • 불법 벌목 • 금맥 탐사 • 개체군 크기 감소
식물 (나무)	Dipterocarpus lamellatus	열대우림 식물종	말레이시아 사바의 시안가우 산림보호구역	12그루	• 저지대 우림의 벌목 • 플랜테이션 농장 조성
양서류	Discoglossus nigriventer	팔레스티나 얼룩개구리	이스라엘 훌라 계곡	미확인	• 새들에 잡아먹힘. • 서식지 파괴에 따른 분포 반경의 축소
식물	Dombeya mauritania	벽오동과의 꽃	아프리카 동부 모리셔스	미확인	• 외래종 식물의 서식지 잠식 • 대마 재배 풍습
식물 (나무)	Elaeocarpus bojeri	도금양과의 꽃	아프리카 동부 모리셔스의 그랑바신	←10그루	• 서식지 훼손
양서류	Eleutherodactylus glandulifer	가는발가락개구리속의 도리스로버개구리	아이티 오트산맥	미확인	• 석탄 생산 • 화전 농업
양서류	Eleutherodactylus thorcetes	마카야가슴점박이개구리	아이티 오트 산맥의 포르몽·마카야 봉우리	미확인	• 석탄 생산 • 화전 농업
식물	Eriosyce chilensis	칠레니토(선인장)	칠레 로스몰레스 사막저지대 피치둥기	←500개	야생 채취
식물 (나무)	Erythrina schliebenii	콩과의 산호나무	탄자니아 응가라마의 나마팀빌리 산림보호구역	←50그루	• 서식지 한정 및 번식력 저하에 따른 생존 기반 약화
식물 (나무)	Euphorbia tanaensis	대극과 땅빈대속의 식물	케냐 위투 산림보호구역	다 자란 나무 4그루	• 불법 벌목 • 농지 확장 • 사회기반시설 조성

조류	Eurynorhyncus pygmeus	넓적부리도요	러시아에서 번식 후 방글라데시·미얀마 등지의 동아시아구·오스트레일리아구에서 겨울을 남.	100쌍	• 덫사냥 • 인간에 의한 서식지 침탈
식물	Ficus katendei		우간다 이샤샤강 유역의 카시오하 키토미 산림보호구역	← 다 자란 식물 50개체	• 농업 • 불법 벌목 • 금맥 탐사
조류	Foudia rubra	모리셔스 포디	아프리카 동부 모리셔스	← 250마리	• 포식자 유입 • 개체군 밀도 희박 • 먹이 부족
조류	Geronticus eremita	붉은볼따오기	모로코, 터키, 시리아 등지. 시리아 새는 겨울을 에티오피아 중부에서 남.	성체 200~249마리	• 서식지 훼손 및 파괴 • 사냥
식물	Gigasiphon macrosiphon		케냐 곤고니, 므리마 지역의 카야무하카 삼림보호구역. 탄자니아 아마니 자연보호구역, 킬롬베로 자연보호구역, 키한시 협곡	33개	• 목재 수급을 위한 벌목 • 농경지 개발 • 야생 돼지에게 먹힘
연체동물	Gocea ohridana		마케도니아 오흐리드 호수	미확인	• 환경오염 • 과도한 취수 • 퇴적작용
양서류	Heleophryne rosei	유령개구리	남아공 웨스턴케이프주 테이블 마운틴	미확인	• 식물에 의한 감염 • 산업용수 취수
연체동물	Hemicycla paeteliana	(달팽이종)	카나리아 제도, 푸에르테벤투라 섬의 한디아 반도	미확인	• 과밀 방목 • 염소와 관광객들의 발에 밟힘
조류	Heteromirafa sidamoensis	종달새	에티오피아 남부 리벤 평원	90~256마리	• 농경지 개발 • 과밀 방목 • 화전 경작

식물 (소관목)	Hibiscadelphus woodii	아욱과	하와이 칼랄라우 밸리	미확인	• 발굽 달린 야생 동물에 의한 서식지 훼손 • 외래종 식물과의 경쟁
어류	Hucho perry		미확인	미확인	• 남획(낚시꾼들의 취미 낚시, 어부들의 비의도적인 어획) • 댐 건설 • 농업활동
갑각류	Johora singaporensis	싱가포르 민물게	싱가포르 부킷 티마 자연보호구역	미확인	• 물의 양적 감소와 질적 저하
식물	Lathyrus belinensis	연리초속	터키 안탈리아주 농촌 마을 벨린의 주변부	← 1,000개	• 도시화 • 과밀 방목 • 침엽수림 조성 • 도로 건설
양서류	Leiopelma archey	아치 개구리	뉴질랜드 코로만델 반도와 와레오리노 산림보호구역	미확인	• 항아리곰팡이병(전염병) • 전염성 균을 보유한 종에게 잡아먹힘.
양서류	Lithobates sevosus	미시시피 고퍼 개구리	미국 미시시피주 해리슨 카운티)	60~100마리	• 균류에 의한 감염 • 기후 변화 • 토양 용도 변경
조류	Lophura edwardsi	쇠산계	베트남 꽝빈주, 꽝찌성, 투아티엔후에성	미확인	• 서식지 파괴 • 사냥
식물	Magnolia wolfii	목련속	컬럼비아 리사랄다주	← 5그루	• 종의 고립 • 번식률 감소
연체 동물	Margaritifera marocana	민물진주홍합	모로코 데나 계곡, 아비드 계곡, 베드 계곡	← 250마리	• 환경오염 • 인간 활동 및 산업 개발

연체동물	Moominia willii	뉴질랜드우렁이	세이셸 실루에트섬	←500마리	• 병균을 옮기는 종에 감염 • 기후 변화
포유류	Natalus primus	쿠바큰깔때기귀박쥐	쿠바 후벤투드섬 쿠에바 라 바르카	←100마리	• 서식지 소멸 • 인간 활동
식물	Nepenthes attenboroughii	네펜시스 아텐버러	필리핀 팔라완 빅토리아산	미확인	• 야생 채취
포유류	Nomascus hainanus	하이난검은볏긴팔원숭이	중국 하이난성	←20마리	• 사냥
양서류	Neurergus kaiseri	왕점박이도롱뇽	이란 남동부 로레스탄 자그로스산	←1,000마리	• 애완동물 암시장 거래용으로 불법 포획
곤충	Oreocnemis phoenix	방울실잠자리과	말라위 뮬란제	미확인	• 간척지 조성에 따른 서식지 파괴 • 농업 개발 • 산림 개발
어류	Pangasius sanitwongsei	매콩메기과 메기, 징기스칸	캄보디아·중국· 라오스·태국·베트남 일대의 메콩 분지와 차오프라야 분지	미확인	• 남획 • 관상어 판매용으로 포획
포유류	Panthera tigris altaica	시베리아 호랑이	중국 북동부	←200마리	• 밀렵
포유류	Panthera tigris amoyensis	남중국호랑이	중국 남부	←25마리	• 밀렵 • 개체 수 희박
포유류	Panthera tigris corbetti	인도차이나 호랑이	중국, 인도	←300마리	• 밀렵 • 개체 수 희박
포유류	Panthera tigris jacksoni	말레이 호랑이	말레이시아	500마리	• 밀렵 • 삼림 파괴
포유류	Panthera tigris sumatrae	수마트라 호랑어	인도네시아 수마트라섬	←500마리	• 밀렵 • 삼림 파괴

포유류	Panthera tigris tigris	벵골 호랑이	인도 서부	1,850마리	• 밀렵 • 삼림 파괴
곤충	Parides burchellanus	호랑나비과	브라질 케라도	←100마리	• 무분별한 도시 확산 • 서식지 감소
포유류	Phocoena sinus	쇠돌고래속의 바키타	멕시코 캘리포니아만 북부	←200마리	• 덫에 포획됨
식물	Picea neoveitchii	가문비나무종	중국 친링 산맥	미확인	
나무	Pinus squamata	차오자 소나무	중국 윈난성 차오자 현	←25그루	• 분포 지역 감소 • 개체밀집도 감소
곤충	Poecilotheria metallica	거미, 구티 사파이어 오너멘탈	인도 남동부 안드라프라데시주 난디알과 기달루르	미확인	• 산림 벌채 • 장작 수급용 벌목 • 잦은 내전에 따른 서식지 훼손
조류	Pomarea whitney	까치딱새	프랑스령 폴리네시아 마르키즈 제도의 파투 히바섬	50마리	• 외래종(곰쥐, 살쾡이) 유입으로 잡아먹힘
어류	Pristis pristis	톱가오리	인도태평양 분지 및 대서양의 열대-아열대 연안. 오늘날 오스트레일리아 북부 해안에 집중 분포	미확인	• 해양 개발로 분포 지역의 95%에서 개체 소멸
포유류	Prolemur simus	큰대나무 여우원숭이	마다가스카르 남부·남동부의 열대우림	100~160마리	• 농업 활동 • 광산 개발 • 불법 벌목
포유류	Propithecus candidus	여우원숭이 비단시파카	마다가스카르 마로안트세트라-안다파 분지 일대와 마로제	100~ 1,000마리	• 밀렵 • 인간의 서식지 침범
파충류	Psammobates geometricus	지오메트릭 육지거북	남아공 웨스턴케이프주	미확인	• 서식지 파괴 • 포식동물에 잡아먹힘

포유류	Pseudoryx nghetinhensis	사올라	베트남, 라오스 접경지대의 안남산맥	미확인	• 서식지 파괴 • 밀렵
식물	Psiadia cataractae	국화과의 개미취	아프리카 동부 모리셔스	미확인	• 무분별한 개발 • 전염성 식물과의 경쟁에서 도태
곤충	Psorodonotus ebneri	여치과의 베이다글라리 여치	터키 안탈라아 베이다글라리산	미확인	• 기후 변화 • 서식지 상실
포유류	Pteropus livingstonii	리빙스턴과일박쥐	인도양 코모로의 코모로 제도	400마리	• 산림 벌채
파충류	Rafetus swinhoei	양쯔강대왕자라	베트남 호안끼엠 호수와 동모 호수, 중국 장쑤성의 쑤저우 동물원	4마리	• 식용 사냥 • 습지 파괴 • 환경오염
포유류	Rhinoceros sondaicus	자바코뿔소	인도네시아 자바섬 우중쿨론 국립공원	← 58마리	• 전통 약재용 사냥 • 개체밀집도 감소
포유류	Rhinopithecus avunculus	통킹들창코원숭이	베트남 북동부	← 200마리	• 서식지 침탈 • 사냥
식물	Rhizanthella gardneri	난초과	오스트레일리아 웨스턴오스트레일리아주	← 100포기	• 농경지 조성을 위한 삼림 파괴 • 기후 변화 • 토양 염도 증가
포유류	Rhynchocyon	큰코코끼리땃쥐	케냐 라무 시의 보니-도도리 산림보호구역	미확인	• 토지 개발에 따른 서식지 침탈
곤충	Risiocnemis seidenschwarzi		필리핀 세부 가와산 강의 지류	미확인	• 서식지 파괴

식물	Rosa arabica	이집트 자생종 장미	이집트 캐서린산	10그루 미만 추정	• 과밀 방복 • 기후변화 및 가뭄 • 약재용 채취 • 자생지 부족
포유류	Salanoia durrelli	더럴몽구스	마다가스카르 알라오트라 호수 습지	미확인	• 서식지 침탈
포유류	Santamartamys rufodorsalis	붉은관나무쥐	콜롬비아 산타마르타 시에라네바다산맥	미확인	• 도시 개발 • 커피 원두 경작
어류	Scaturiginichthys vermeilipinnis	붉은 지느러미 푸른 눈의 물고기	오스트레일리아 퀸즐랜드 에지배스턴 보호구역	2,000~ 4,000마리	• 외래종에 포식됨
어류	Squatina squatina	스쿠아티나 스쿠아티나 (전자리상어속)	카나리아 제도, 북아프리카 서쪽 (스페인령의 군도)	미확인	• 해저 동식물 어획을 위한 트롤망 어로작업
조류	Sterna bernsteini	중국제비갈매기	중국 저장성, 푸젠성에서 번식 후 인도네시아, 말레이시아, 필리핀, 타이완, 태국에 분포.	← 50마리	• 서식지 파괴 • 알 채취
어류	Sygnathus watermeyeri	리버 파이프피시(실고기)	남아공 이스턴케이프주 카리에리가 강과 이스트 클레이네몬데 강 하구에 분포	미확인	• 댐 건설 • 강 하구언에 포도밭 조성
식물	Tahina spectabilis	타히나 야자수	마다가스카르 아날라라바 지구	90	• 산불 • 벌목 • 농경지 확장
양서류	Telmatobufo bullocki	황소위장두꺼비	칠레 아라우코 주 나우엘부타	미확인	• 수력발전소 건설
포유류	Tokudaia muenninki	오키나와 가시쥐	일본 오키나와섬	미확인	• 서식지 소멸 • 고양이의 포식

어류	Trigonostigma somphongsi	라스보라 솜퐁시 (조기류)	태국 매끌롱강 분지	미확인	• 농경지 조성 및 도시화 사업
어류	Valencia letourneuxi	코르푸 투스캅	알바니아 남부 및 그리스 서부	미확인	• 서식지 파괴 • 지하수 추출 • 송사리종 어류와의 먹이 경쟁
식물	Voanioala gerardii	야자수	마다가스카르 마소알라 반도	←10그루	• 산림 벌채 • 야자수 열매 채취
포유류	Zaglossus attenbo-roughi	아텐버러긴코가시 두더지	인도네시아 파푸아주 사이클롭스 산맥	미확인	• 서식지 감소 • 벌목 • 농경지 조성 • 지역주민의 사냥

알아두면
쓸모가
생길지도 모르는
과학책

—

1판 1쇄 발행 2019년 11월 14일
1판 2쇄 발행 2019년 12월 10일

—

지은이 마티유 비다르
옮긴이 김세은
펴낸이 강동화, 김양선

—

펴낸곳 반니
주소 서울시 서초구 서초대로77길 54 10층
전화 02-6004-6881 **팩스** 02-6004-6951
전자우편 book@banni.kr
출판등록 2006년 12월 18일(제2006-000186호)

—

ISBN 979-11-967211-8-3 03400

—

책값은 뒤표지에 있습니다. 잘못된 책은 구입하신 곳에서 교환해드립니다.

—

이 도서의 국립중앙도서관 출판예정도서목록(CIP)은
서지정보유통지원시스템 홈페이지(http://seoji.nl.go.kr)와
국가자료공동목록시스템(http://www.nl.go.kr/kolisnet)에서 이용하실 수 있습니다.
(CIP제어번호: CIP2019042793)